亲爱的一起吃早餐

Breakfast
with
love

刘祎 著

中国轻工业出版社

图书在版编目（CIP）数据

亲爱的一起吃早餐 / 刘祎著 . — 北京：中国轻工业
出版社，2020.9

ISBN 978-7-5184-2964-6

Ⅰ . ①亲… Ⅱ . ①刘… Ⅲ . ①食谱 Ⅳ . ① TS972.12

中国版本图书馆 CIP 数据核字（2020）第 063140 号

责任编辑：郭　娇　　责任终审：劳国强　　整体设计：锋尚设计
策划编辑：翟　燕　　责任校对：晋　洁　　责任监印：张京华

出版发行：中国轻工业出版社（北京东长安街6号，邮编：100740）

印　　刷：北京博海升彩色印刷有限公司

经　　销：各地新华书店

版　　次：2020年9月第1版第1次印刷

开　　本：710×1000　1/16　印张：12.5

字　　数：200千字

书　　号：ISBN 978-7-5184-2964-6　定价：49.80元

邮购电话：010-65241695

发行电话：010-85119835　传真：85113293

网　　址：http://www.chlip.com.cn

Email：club@chlip.com.cn

如发现图书残缺请与我社邮购联系调换

190619S1X101ZBW

前言

如果有人问你，每一天醒来是否拥有好的心情和对一整天的期待，你会怎样回答呢？

是否会期待冬天的第一场雪，又或者会期待春天冰雪融化的声音？

是否会因为今天可以见到想见的人而嘴角浮现浅浅的笑意？

又或者仅仅是想到早餐的香气而浑身充满活力？

日子一天天地在指尖溜走，我们和我们的生活每一天也都在发生新的变化。日复一日的生活可能充满了忙碌、奔波、疲累与黯淡，那么不妨给每一天增添一些小小的期待，和爱的人享用一份暖心的早餐，让这一天拥有一个惬意而舒适的开始。

餐桌的日常里就充满了温暖和希望，从早晨的第一缕阳光到傍晚昏黄灯光下摇曳的酒杯，从春天新发的嫩芽到秋日甜糯的栗子香……希望每一个在早餐餐桌前的你，都能和我一样在柔软温暖的心里充满对新的一天愉悦的期待。

目录

上篇 ——————

每日爱的早餐

PART 1——快手早餐巧制作

什么时候做？应该搭配什么
早餐制作搭配小原则 / 11

如何炒出一碗好吃的饭
炒饭制作小技巧 / 12
炒饭搭配小技巧 / 12

如何煮出一碗好喝的粥
煮粥方式小介绍 / 13
早餐粥品省时小诀窍 / 13
粥类早餐搭配小建议 / 14

如何做出好吃的面食
发酵面食制作小技巧 / 15
发酵面食蒸制小技巧 / 15

面食保存、复热小技巧 / 16
常见中式面点示例 / 17

如何做出好吃的饺子
早餐饺子制作小秘诀 / 19
蒸饺好吃小技巧 / 20
煎饺好吃小技巧 / 20

美味面包、三明治的秘诀
三明治怎样搭配更好吃 / 21
面包、餐包制作小要诀 / 21
面包、三明治保存、复热小技巧 / 22
常见西式面点示例 / 23

PART 2——最爱的熟悉中式味道

炒饭类
番茄炒饭 / 27
酱油炒饭 / 29
韩式辣白菜炒饭 / 30
青菜肉丝炒饭 / 31
广式腊味蛋炒饭 / 33

牛肉什蔬炒饭 / 35
三文鱼蛋炒饭 / 37
黄金虾仁炒饭 / 39
金枪鱼海苔炒饭 / 41

粥类

红豆栗子暖粥 / 42

桃胶银耳皂角米甜羹 / 43

南瓜奶香燕麦粥 / 44

养生补肾粥 / 45

青菜肉末粥 / 46

妈妈的早餐菜肉粥 / 47

皮蛋瘦肉粥 / 48

玉米排骨粥 / 49

生滚牛肉窝蛋粥 / 50

香菇鸡肉燕麦粥 / 51

鲜虾时蔬粥 / 53

馅儿类

羊肉胡萝卜饺子 / 55

泡菜粉丝猪肉饺子 / 57

虾仁猪肉三鲜饺子 / 59

快手抱蛋煎饺 / 60

红油抄手 / 61

小时候最爱的小馄饨 / 63

糯米烧卖 / 65

鲜肉春笋烧卖 / 67

鲜肉生煎包 / 69

羊肉烤包子 / 71

饼类、糕类

韭菜馅儿饼 / 73

千层牛肉饼 / 75

老北京鸡肉卷 / 77

校门口的梅干菜肉饼 / 79

窝窝头配炒什锦 / 81

快手火腿鸡蛋饼 / 82

红糖发糕 / 83

上学时的鸡蛋煎饼 / 85

姥姥家的果干米糕 / 87

回忆酱香饼 / 89

粉面类

云南小锅米线 / 91

干炒牛河 / 93

广式快手肠粉 / 95

葱油拌面 / 97

香菇肉酱拌面 / 99

酸辣牛肉拌面 / 101

番茄鸡蛋浓汤面 / 103

肉丝炒面 / 105

酱油海鲜炒面 / 107

PART 3——慵懒的世界各地美味早餐

元气西式早餐

罗宋汤配面包 / 109

北非蛋配面包 / 110

可颂三明治 / 111

金枪鱼鸡蛋热三明治 / 112

猫王三明治 / 113

鲜虾三明治 / 115

热狗三明治 / 116

格兰诺拉麦片 / 117

隔夜谷物鲜果燕麦 / 118

荷兰宝贝松饼 / 119

鲜果法式吐司 / 121

番茄意面 / 122

墨西哥鸡肉卷 / 123

多汁牛肉汉堡 / 125

清新日韩早餐

芋泥肉松三明治 / 126

紫米奶香三明治 / 127

日式炸猪排三明治 / 129

韩式泡菜煎猪里脊三明治 / 131

日式红豆年糕汤 / 132

金枪鱼藜麦饭团 / 133

海苔鲜虾免捏饭团 / 135

韩式泡菜海鲜饼 / 137

大阪烧 / 139

日式炒乌冬 / 141

咖喱鸡肉乌冬面 / 143

风情东南亚早餐

青木瓜鲜虾沙拉 / 144

热带风味牛肉沙拉 / 145

新加坡肉骨茶 / 146

越南风味三明治 / 147

越南牛肉汤河粉 / 149

南洋风味叻沙 / 151

星洲炒米粉 / 152

印尼炒饭 / 153

咖喱海鲜炒饭 / 155

下篇

四季爱的早餐

PART 4——春

莓果、格兰诺拉麦片、酸奶、煎蛋、煎香肠 / 159

鲜肉春笋烧卖、南瓜糯米糊、杏仁牛奶 / 161

韭菜鸡蛋饼、虾肉小馄饨、嫩炒青菜 / 163

韭菜盒子、韩式泡菜豆腐汤、坚果酸奶 / 165

PART 5——夏

椰香紫米水果粥、热带风味牛肉沙拉、面包 / 167

百香果芒果酸奶碗、热带风味意面沙拉 / 169

青木瓜鲜虾沙拉、热带水果思慕雪 / 171

越南风味三明治、椰青 / 173

PART 6——秋

桂花芋头红豆粥、鸡蛋煎饼、秋日水果沙拉 / 175

桃胶银耳皂角米甜羹、午餐肉金枪鱼免捏饭团、核桃奶露 / 177

板栗鸡肉粥、香葱火腿花卷、润燥水果羹 / 179

血糯米桂花小圆子、五谷时蔬卤蛋饭团、秋日水果碗 / 181

PART 7——冬

冬笋小馄饨、煎蛋葱油拌面、五谷米糊 / 183

红枣桂圆小米粥、肉松糯米饭团、浅渍开胃菜 / 185

白菜肉丝汤年糕、虾仁水蒸蛋、榛子奶露 / 187

番茄肥牛浓汤面、白灼生菜、椰香米糊 / 189

附录 可以自由搭配的快手小食集合

冷饮

香橙养乐多、百香果冰茶 / 190

草莓思慕雪、鲜果苏打水、柠檬冰红茶 / 191

热饮

奶香玉米汁、治愈系棉花糖热可可 / 192

紫米奶露、南瓜银耳露、黑糖奶茶 / 193

抹酱

草莓果酱、太妃焦糖酱、抹茶牛奶酱、混合莓果果酱 / 194

海盐牛奶酱 / 195

南洋咖椰酱 / 196

夏日菠萝果酱 / 197

热带芒果百香果果酱 / 198

榛子巧克力酱 / 199

菜谱索引 / 200

每日爱的
早餐

1

PART

快手早餐巧制作

我喜欢清晨的阳光
喜欢推开窗户扑面而来的新鲜气息
喜欢让人嘴角上扬的好天气

我爱每一天所有新的期待
爱每一个清晨的早餐和温柔的风
也爱每一天的每一个你

什么时候做? 应该搭配什么

　　打开这本书的你,无论是有小朋友的妈妈,还是早出晚归的上班族,是不是都会有发愁明天的早餐该怎么解决的时候? 以前总觉得正经做早餐是早起星人才有的福利,当自己开始关注每一天的早餐时,才发现早餐其实也不用每一天都在睡意蒙眬中匆匆忙忙做完再慌张吃掉。如果掌握了一些提前制备的小技巧,例如提前一晚预约粥品或者做一些可以冷冻保存、加热即食的小点心,就算在工作日也可以轻松吃上营养丰富口味满分的早餐。当然,如果是在慵懒的周末,精心做一顿"早午餐"也是很好的选择啦!

早餐制作
搭配小原则

❶ 面点类食材能提前做好冷冻就提前制作,早晨只需要拿出来蒸熟或煮熟即可。

❷ 制作粥类建议使用家用电器的预约功能,无须看管或者早起太多,就能享受温暖的早餐。

❸ 早餐是一天中很重要的一餐,营养均衡搭配很重要,碳水化合物、优质蛋白质、维生素和矿物质的摄入要兼顾。

❹ 主食中可以添加粗制杂粮或杂粮粉,这样可以摄入更多的营养元素,也更有利于营养的吸收。

❺ 瘦肉、虾、鱼、贝类、大豆及其制品等都是优质蛋白质的来源,可在早餐中适当添加以丰富营养。

❻ 早餐中加入一些新鲜的水果,营养会更加丰富。

❼ 对于炒饭用到的米饭和一些不易腐坏的蔬菜,可以提前一晚把米饭蒸好,把蔬菜洗净、切好,放入保鲜盒中密封冷藏保存,为第二天早晨的制作节省很多准备的时间。

❽ 富有变化的早餐可以让人吃到不同食物,摄入不同营养素,更易达到营养的均衡。

❾ 早餐不宜吃太干的食物,并且更建议在餐前先喝一杯温水,餐品搭配中注意干稀食物的搭配。

如何炒出一碗好吃的饭

炒饭制作小技巧

❶ 选用隔夜米饭，既省去了焖饭需要的时间，炒制出的米饭又颗粒分明晶莹透亮，口感也会更加筋道。新焖熟的米饭水汽足，也比较黏，不容易炒散，一来无法均匀地融合鸡蛋的香味，二来也没有那种颗粒分明的口感。

❷ 如果实在等不及隔夜，那就在焖饭的时候稍微少放一点水，米水比例在 1：1.2 至 1：1.5，并在焖好后把米饭盛出，在盘子里铺开，以加快水分蒸发，等完全凉下来以后再炒。

❸ 稻米有三个类型，糯米、粳米和籼米，炒饭用的米最好是籼米，比如泰国香米和丝苗米，这类米黏性小，比较干爽，容易炒出颗粒分明的炒饭。常见的东北米（偏短圆）则是以粳米为主，比籼米（偏细长）稍黏，也可以用。但糯米不建议使用，因为太黏。

❹ 从冰箱冷藏室中取出的冷饭，可以先洒上少许的水再翻炒。这个步骤是要让冷饭软化，且容易翻松，如果米饭尚未软化就强行翻松，容易破坏米饭的颗粒，影响炒饭的美味。

❺ 在炒饭的过程中可以用筷子将米饭划散，再用木铲轻压轻拍使米粒松散，这样可以保持米粒的完整度，切忌用锅铲来回反复切米饭使之分离。

❻ 炒饭在关火后出锅前可以盖上锅盖闷 30 秒，这样可以让炒饭熟透，记得趁热吃的炒饭才最美味哦。

炒饭搭配小技巧

❶ 炒饭是含碳水化合物比较多的主食，所以适当添加蔬菜类食材可以让炒饭的营养和口味更均衡丰富。

❷ 在炒饭中添加鸡蛋既能增香，又能提供必要的蛋白质。除此之外，适当添加虾仁等海鲜也可以提供优质蛋白质，均衡营养的同时增添味觉体验。

❸ 一些坚果如松子、豆类如豌豆和玉米粒等的添加，可以有效地丰富口感和营养。

❹ 油脂也是炒饭增香的关键，可以添加一些油脂稍大的食材，如香肠、火腿、腊肠等一起炒制，并先把它们炒香，使油脂溢出。

❺ 炒饭总体来说属于比较干的主食品类，所以在早餐吃炒饭的时候，可以配一些暖胃的汤类或饮品，会有更好的享用体验。

如何煮出一碗好喝的粥

煮粥方式
小介绍

❶ 用电饭煲或有预约功能的电锅煮粥，好处是无须看管、不用担心煳锅等问题，可提前制作。

❷ 用普通锅煮粥，耗时稍短，但不够软糯香浓，需要随时看着以防溢锅、煳底等，在有节省时间的需要时可选择。

❸ 砂锅煮粥会很香醇绵密，但耗时稍长，也容易溢锅，需要随时看着。

❹ 高压锅煮粥时间消耗相对较少，但是只适合量不大的粥品，不然容易喷溅。

❺ 煮粥的米水比例一般为 1:8 至 1:10，但还是需要根据具体情况来变通，比如，如果用水汽挥发比较快的煮粥方式，可能水量就要稍多，如果用电饭煲等密封性能好的器具，1:8 至 1:9 的比例则比较合适，不会太稀。

❻ 如果喜欢口感更绵密黏稠的粥品，可以把大米中的三分之一替换成糯米来熬粥。

早餐粥品
省时小诀窍

❶ 如果有预约功能的烹饪器具，记得巧妙使用，更方便也更省时。

❷ 一些粥类需要用到的食材可以提前一晚洗净切好，密封冷藏保存。

❸ 时间紧迫时可以用熟米饭直接熬煮。

❹ 如果有豆类或者其他难煮的食材，选择高压锅烹饪或者提前充分浸泡（提前泡 4~6 小时即可）。

粥类早餐
搭配小建议

❶ 跟其他主食相比，粥类的饱腹感相对弱一些，因此可以搭配一些包子、馒头或花卷一起食用。

❷ 如果粥品本身蔬菜的含量少或者口味清淡偏甜，建议搭配一些小菜一起食用，不仅可以提升味觉体验，对于营养的均衡也很有益。

❸ 选择粥类作为早餐主食的时候，适当添加摄入 2~3 种新鲜水果和坚果也是很好的选择，粥类能更大程度提供能量，坚果和水果中的维生素和矿物质也可以起到均衡营养的作用。

❹ 儿童、青少年日常消耗比较大，并且也是优质蛋白质的大量需求群体，所以有肉蛋类添加的粥品更适合他们，或者在喝粥的同时补充一些鸡蛋和肉类。

❺ 对于糖尿病患者，不建议喝过于软烂的粥，选择杂粮粥会更有利于血糖的稳定，既可以均衡营养又可以促消化。

如何做出好吃的面食

发酵面食
制作小技巧

❶ 面团的揉制需要到位，也就是揉成光滑的面团，这对口感和发酵来说都很重要。

❷ 在发酵面团的时候需要放在温暖处（28℃左右）并在表面盖上薄薄的湿布，或者直接用保鲜膜密封，保持湿度和适当的温度才能有效发酵。

❸ 一次发酵的面团体积会明显膨大，一般会膨大到2倍大小，因此需要在稍大的容器中发酵，以确保有足够的膨胀空间。

❹ 如果做有造型的面食，建议二次发酵发酵到1.5倍即可，这样做出的造型面食纹路会更清晰。

❺ 冬天有些地方的屋里没有暖气温度较低，因此发酵时需要自己营造温度和湿度合适的环境，可以在密封的泡沫箱、烤箱或者大锅中放一碗开水，再放入装面团的容器，盖上盖子进行发酵，水凉即换水，直到发酵完成。

❻ 二次发酵就是把做好的馒头坯、花卷坯、包子坯等在温暖处继续放置一段时间（15~25分钟），让其再次醒发，大概会膨大到1.5倍，这很重要，决定了最后成品的大小和松软程度。

❼ 发酵需要用到酵母粉，酵母粉最好在使用前先活化一下，就是把酵母粉先倒在液体中搅拌均匀，这样酵母粉在面团中分散得更均匀，发酵效果会更好。切忌把酵母粉直接倒在盐类或糖类上，这样会失活，进而影响发酵效果。新手建议使用耐高糖酵母粉。

发酵面食
蒸制小技巧

❶ 面食在蒸制时需要在蒸架上做防粘处理，具体可以使用在底部垫小块不粘油纸、晾干的玉米外皮、薄纱布、蒸笼布或蒸笼垫等方法，在使用纱布和非不粘蒸笼垫的时候，需要提前对其进行浸湿以及涂抹油处理，从而达到防粘的效果。

❷ 发酵的面食在蒸的过程中也会发生明显的体积变大，所以在蒸之前排入蒸架、蒸箱中的时候要预留出一些膨胀的空间。

❸ 蒸制结束后不要立即开盖，可闷3~5分钟，防止面食因骤然接触外界冷空气而出现明显回缩现象。

④ 蒸制的时候冷水下锅开始蒸，这样在水开之前面团慢慢受热还会继续膨胀，蒸制出的面食口感也会更好一些，外形也会更美观，醒发不够的面食蒸出来会有僵点。

面食保存、复热小技巧

❶ 蒸好的面点需要在自然冷却后立即密封，防止变干。

❷ 密封好的面点可放在冷冻室长期保存。

❸ 如果能在 1~2 天内吃完，可放入冷藏室，但是不建议长时间冷藏，因为会生霉菌和发酸变馊，更不建议常温裸露保存。

❹ 复热更建议直接大火蒸软蒸透。

牛奶馒头

食材

面粉 500 克

牛奶 280 克

白糖 25 克

酵母粉 5 克

盐 2 克

做法

 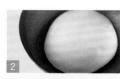  

❶ 酵母粉用牛奶活化，然后均匀混合其余所有食材揉成光滑面团。

❷ 将揉好的面团盖上湿布或保鲜膜进行一次发酵到 2 倍大小。

❸ 将发酵好的面团擀开并排气，擀成稍薄的长方形面皮。

❹ 然后从长边方向卷起来，卷紧并捏紧收口，如果擀的时候撒了干面粉会不容易黏合卷紧，
可以在面上刷薄薄一层水帮助黏合。

❺ 卷成长条后整理一下使其粗细均匀。

❻ 切分成 15~16 个小馒头坯，放在温暖潮湿处二次发酵到 1.5 倍大小。

❼ 冷水上锅蒸 15 分钟，关火再闷 3~5 分钟即可出锅。

葱油花卷

面团食材

面粉 500 克　　　酵母粉 5 克　　　盐 2 克

夹馅儿食材

小葱葱花 50 克　　　小苏打 1 克　　　椒盐或盐适量

做法

❶ 酵母粉加 250 克水活化，然后均匀混合其余面团食材揉成光滑面团。

❷ 将揉好的面团盖上湿布或保鲜膜进行一次发酵到 2 倍大小。

❸ 将发酵好的面团均匀分成 2 团，分别擀开并排气，擀成稍薄的长方形面皮。

❹ 然后在面皮上刷一层薄油，撒上适量椒盐或盐，再撒上小葱葱花，从长边方向进行四折折叠，两份面皮同样操作（在小葱葱花中混合 1 克小苏打，蒸制的时候可以保持绿色鲜艳一些）。

❺ 将折叠好的 2 份面皮分别都切成 12 份左右的面团。

❻ 将两个面团叠放，用筷子在中间压实，然后向下卷起捏紧收口即可。

❼ 将做好的花卷坯放在温暖潮湿处二次发酵到 1.5 倍大小。

❽ 冷水上锅蒸 15 分钟，关火后再闷 3~5 分钟即可出锅。

如何做出好吃的饺子

早餐饺子
制作小秘诀

饺子皮制作

饺子皮食材：面粉 400 克　盐 2 克

将面粉、盐、200 克水混合揉成光滑面团后，盖上保鲜膜醒 20 分钟，然后搓成长条，分割成每个 10~12 克的小剂子，先把小剂子按扁，再擀成四周稍薄、中间稍厚的圆形面皮即可，这个配方可以做 50~60 个饺子皮。

馅儿料好吃的秘诀

❶ 让馅儿料有一定的油脂。建议大家选择肥瘦比例适宜（3∶7 或者 4∶6）的肉馅儿来制作。如果馅儿料是纯素或纯精肉的时候，可以在馅儿料中补充一些油，含有适量的油脂会让饺子馅儿更滋润鲜美。

❷ 为了让馅儿料更软嫩多汁，可以选择在馅儿料中打入葱姜水[1]或者加 1 个生鸡蛋，葱姜水的充分吸收可以让馅儿料肉质更软嫩，加入生鸡蛋也有让肉馅儿嫩滑的效果。

❸ 馅儿料好吃的关键还在于适当成团、紧实且不出水，那么在馅儿料的搅拌过程中，朝同一个方向持续搅拌 2~3 分钟使馅儿料上劲就很关键了。

❹ 有时馅儿料中因为肉类含量比较高而出现明显的肉腥味，可以适当添加一些香料，如花椒粉、五香粉等，可以很好地去除这些异味。但是香料的添加一定要控制合适的量，添加过多会影响整个馅儿料的香气，使味道出现偏差。

❺ 如果对自己调好的馅儿料味道没有把握，可以取一小团馅儿料稍微炒熟，尝一下再判断需要做什么调整。

1　葱姜水做法：一小把小葱切丝、一小块姜切丝，放入 100 克水中浸泡搅拌，然后静置备用，用时滤出水即可。

蒸饺好吃小技巧

❶ 和面时可先用开水烫面再用冷水揉面，其中开水用量为面粉用量的 40%，冷水用量为面粉用量的 20%（也就是如果用 400 克面粉，就需要 160 克开水和 80 克冷水）。另外需要注意的是，用开水烫面时尽量使用工具，比如筷子，避免烫伤。

❷ 使用不粘蒸垫或者在蒸笼上刷上一层油可以防止粘连和碎裂，这样不会造成馅儿料中汤汁的流失。

❸ 将包好的饺子整齐地码在蒸笼上，水开后上锅大火蒸 15 分钟即可。

煎饺好吃小技巧

❶ 煎饺子的锅最好是平底不粘锅，更省油而且吃起来不腻，操作也明显更方便。

❷ 煎饺子不能只加油来干煎，很容易出现煎煳或者冷冻饺子煎不透的情况。

❸ 可以先在锅中放油，油热后放入饺子，将饺子稍微煎到底部金黄，再加入饺子高度三分之一的水，盖上锅盖中火焖到水分收干（这里可以用清水，也可以用玉米淀粉和水比例为 1：12 的淀粉水，淀粉水煎出来的饺子底部会稍脆一些）。

美味面包、三明治的秘诀

三明治怎样搭配更好吃

❶ 可以根据自己的喜好选择吐司面包、餐包或者欧式、法式面包来做三明治，按照自己的喜好来才能做出满意的美味。

❷ 面包可提前进行烤制，这样不仅口感上会热一些，也可以让面包的香气再次释放、表皮酥香，同时，还可以适当减缓水分大的食材浸湿面包的过程。

❸ 适量添加奶酪可以提升味觉体验，也可以均衡营养，同样选择自己喜爱的口味即可。

❹ 蔬菜的添加不仅可以均衡营养，对肉类比较多的三明治来说，也是很好的解腻食材。

❺ 添加蔬菜等食材之前记得沥干表面的水分，不然会导致面包被快速浸湿，影响口感。

❻ 湿度不大的酱料涂抹在面包切面上可以有效减缓面包被浸湿的进程，例如沙拉酱。

❼ 选择自己喜欢的酱料最重要，自己做美食，随心、随自己的喜好才会有最好的体验和感受。

面包、餐包制作小要诀

❶ 建议把面揉到完全阶段，也就是可以拉出薄膜的状态，这样做出的面包口感更佳。

❷ 第一次发酵需要用保鲜膜密封或者盖一层薄薄的湿布，放在温暖处发酵到 2 倍大小，即手指蘸干面粉在中间戳洞不回缩不塌陷的状态。

❸ 一次发酵的不完全或者过度，都会影响二次发酵的效果，进而影响口感与香气。

❹ 两次发酵都要保证温暖潮湿的环境，天冷时可以在密封的烤箱或者泡沫箱中放置一碗热水进行发酵，水凉了及时更换直到发酵完成。

面包、三明治保存、复热小技巧

❶ 面包中淀粉的老化，会使面包干硬、粗糙、口感差。淀粉老化反应是不可逆的，即使重新加热也不可能完全恢复之前的松软，所以防止面包老化很重要。

❷ 面包的贮藏温度直接影响面包的老化速度。在较低温度下（2℃左右），面包的老化速率快，在较高温度下（30℃），面包的老化速率开始变慢。保存在60℃的时候，经过24~48小时仍保持新鲜状态，与刚出炉的面包没有多大区别，但实现可能性非常低，所以面包的最佳贮藏温度是 -18~-21℃，在此温度下可以长时间贮藏。

❸ 吐司和大型欧式面包建议先切片，然后再2~4片一起密封冷冻保存。其他餐包或者甜面包直接密封冷冻即可。

❹ 做好的三明治、热狗以及汉堡，因为有酱料和新鲜蔬菜等在其中，所以腐败的速度很快，因此更建议现做现吃，不要过久存放。

❺ 冷冻的面包拿出来以后在表面喷少量水，然后进160~180℃的烤箱烤制5分钟左右到松软即可。也可以在表面喷少许水，用平底锅或微波炉加热。

热狗面包、汉堡面包

食材

高筋面粉 500 克	盐 5 克
鸡蛋液 75 克	酵母粉 5 克
白糖 50 克	白芝麻适量（表面装饰）
黄油 45 克	鸡蛋液适量（表面装饰）

做法

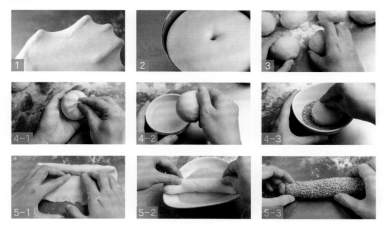

❶ 使用后油法将高筋面粉、鸡蛋液、白糖、盐和酵母粉加 250 克水揉到完全阶段，后油法即
先把除黄油和装饰食材外的所有食材加水揉成光滑面团，然后再加入黄油揉到完全阶段。

❷ 把面团放在温暖处一次发酵到 2 倍大小。用手指蘸取干面粉，在发酵好的面团中间戳洞，
洞不回缩、面团不塌陷即表示发酵完成。

❸ 将面团均分成 12 份，排气并滚圆，这个配方可以做 6 个热狗面包和 6 个汉堡面包。

❹ 做圆形的汉堡面包需将滚圆的面团底部收口捏紧，然后先在上面裹一层水或鸡蛋液，再裹
上一层白芝麻，排入烤盘放在温暖潮湿处二次发酵到 2 倍大小。

❺ 做长条形的热狗面包则需要将滚圆的面团先擀成长方形，再卷起来，捏紧收口，然后在上
面先裹一层水或鸡蛋液，再裹上一层白芝麻即可排入烤盘，同样放在温暖潮湿处二次发酵到
2 倍大小。之后将烤盘放入预热到 180℃的烤箱中层，烤制 18 分钟左右到面包表面金黄即可。

醇奶吐司

食材

高筋面粉 525 克　　　黄油 45 克

牛奶 330 克　　　　　酵母粉 5 克

鸡蛋 2 个　　　　　　盐 5 克

白糖 50 克

做法

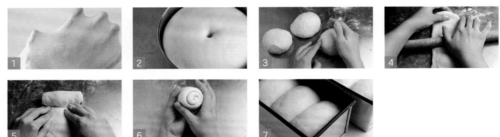

❶ 使用后油法（见 23 页）将除黄油外的所有食材揉成光滑面团，再加入黄油揉到完全阶段。

❷ 把面团放在温暖处一次发酵到 2 倍大小。用手指蘸取干面粉，在发酵好的面团中间戳洞，洞不回缩、面团不塌陷即表示发酵完成。

❸ 先将面团均匀分成 6 份，滚圆备用，这个配方可以做 2 条 450 克的吐司。

❹ 将面团排气并擀成长片。

❺ 将长片卷起来大概 2.5 圈，捏紧收口，盖上保鲜膜松弛 10 分钟，6 份均这么处理。

❻ 然后以同样的方式第二次擀长并卷起，大概卷 2.5 圈，捏紧收口。

❼ 将吐司坯每三个一起排入一个吐司模具中，放在温暖潮湿处二次发酵到八成满，然后放入预热到 200℃ 的烤箱中烤制 35~38 分钟即可。

最爱的熟悉中式味道

记得从幼儿园开始，每天清晨我就总是在满屋的早餐香气中醒来。这么多年过去了，记忆最深的早餐的味道还是妈妈每天做的中式早餐的香气，喷香的炒饭、香软多汁的包子、滋补的粥……每一个都充满了妈妈的爱和小时候的我对新一天的期待。

〔炒饭类〕

粒粒分明、鲜香又快手的炒饭，一向是很受欢迎的早餐。米饭可以用隔夜的，其他食材也都提前准备好，那么 5 分钟做好营养早餐完全不是问题。蔬菜和肉类都可以按自己的喜好添加，一起开启营养满满的一天吧！

番茄炒饭

记得第一次吃番茄炒饭还是在大学的食堂里，喜欢番茄的我自然也就迷上了这样一份充满热情颜色的炒饭。暖心的食堂大叔总会多给我加一些番茄来炒，酸甜的番茄让普通的炒饭更多了一丝鲜香。

食材

隔夜米饭 250 克	小葱葱花 20 克
番茄丁 150 克	鸡蛋 1 个
土豆丁 60 克	番茄酱 15 克
豌豆 30 克	生抽 8 克
玉米粒 30 克	盐适量

做法

❶ 锅中放油，油热后加入打散的鸡蛋，迅速炒散盛出备用。

❷ 锅中再放油，油热后炒香一半小葱葱花。

❸ 加入土豆丁、豌豆以及玉米粒翻炒至基本断生。

❹ 加入番茄丁翻炒，炒到番茄出汁。

❺ 加入隔夜米饭迅速炒散。

❻ 加入鸡蛋碎、生抽、番茄酱翻炒均匀，再加适量盐调味，最后撒小葱葱花即可出锅。

酱油炒饭

最家常的味道往往最令人难忘，简单的鸡蛋和酱油的香气就能让这份炒饭深深印刻在每个人的脑海里。每一次做，满屋都是令人愉悦的生活烟火气，盛进碗里之前都忍不住先偷偷吃几口。

食材

隔夜米饭 250 克　　生抽 10 克
胡萝卜丁 50 克　　　老抽 5 克
玉米粒 30 克　　　　盐适量
豌豆 30 克　　　　　白糖适量
小葱葱花 20 克　　　白芝麻适量
鸡蛋 2 个

做法

❶ 锅中放油，油热后打入 2 个鸡蛋。

❷ 迅速将鸡蛋炒散炒碎一些，盛出备用。

❸ 锅中再放油，油热后炒香一半小葱葱花。

❹ 加入胡萝卜丁、豌豆和玉米粒翻炒至基本断生。

❺ 加入隔夜米饭迅速炒散。

❻ 加入鸡蛋碎、生抽、老抽翻炒均匀。

❼ 最后加盐、白糖调味，撒小葱葱花和白芝麻即可出锅。

韩式辣白菜炒饭

韩式料理是和家人隔三岔五就会去吃的，看着烤肉滋滋冒油，不由自主就胃口大开。其中最爱的还是那一口和五花肉绝配的解腻辣白菜，跟五花肉薄片一起炒出来的辣白菜炒饭自然也就更诱人了。

食材

隔夜米饭 250 克
韩式辣白菜 180 克
五花肉薄片 60 克
洋葱丝 60 克
小葱葱花 30 克
料酒 15 克
生抽 15 克
盐适量
白糖适量

做法

① 五花肉薄片加入料酒腌制备用。

② 锅中放油，油热后加入小葱葱花和洋葱丝炒香。

③ 然后放入腌制好的五花肉薄片迅速炒散。

④ 加入韩式辣白菜和生抽一起翻炒均匀。

⑤ 再加入隔夜米饭迅速炒散，放盐、白糖调味即可。

青菜肉丝炒饭

一入冬，霜打过的青菜就更多了一丝清甜和软糯，过油炒制之后更是鲜美了很多，小时候总是抢着要先吃。用青菜和肉丝这样简单易得的食材炒出来的饭，自然也是家常又令人记忆深刻的美味了。

食材

隔夜米饭 300 克　　小葱葱花 20 克　　白糖适量
青菜碎 150 克　　　生抽 10 克
肉丝 80 克　　　　盐适量

做法

①肉丝加入生抽和一半小葱葱花腌制备用。

②锅中放油，油热后炒香另一半小葱葱花。

③然后加入肉丝快速炒至断生后盛出。

④锅中再放油，油热后炒青菜碎至断生。

⑤加入隔夜米饭迅速炒散。

⑥最后加入适量盐、白糖调味即可出锅。

广式腊味蛋炒饭

这是一位广东朋友做给我吃的炒饭。广式腊肠微甜鲜美，可以先把腊肠中的油脂充分炒出来，这样米粒会更油润筋道，炒饭的香气层次也会更加丰富。当然你也可以根据自己的喜好添加一些腊肉来炒哦。

食材

隔夜米饭 250 克

广式腊肠丁 50 克

胡萝卜丁 50 克

洋葱末 30 克

小葱葱花 20 克

鸡蛋 1 个

蚝油 10 克

生抽 8 克

老抽 5 克

盐适量

白糖适量

做法

❶ 锅中放油，油热后迅速倒入打散的鸡蛋。

❷ 将鸡蛋翻炒至微碎后盛出备用。

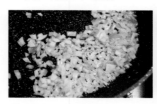

❸ 锅中再放油，油热后炒香洋葱末。

❹ 加入胡萝卜丁和广式腊肠丁翻炒至断生、腊肠油脂渗出。

❺ 加入隔夜米饭迅速炒散。

❻ 加入鸡蛋碎、生抽、老抽以及蚝油翻炒均匀。

❼ 最后加盐、白糖调味，撒小葱葱花即可出锅。

牛肉什蔬炒饭

牛肉肉质弹嫩香气十足，添加柿子椒丁、红彩椒丁、胡萝卜丁、玉米粒和洋葱末等一起炒制出来的炒饭营养均衡又香气满满，记得要选择肉质细嫩、肥厚均匀的牛肉，或者用肥牛片直接切小片也行。

食材

隔夜米饭 250 克

牛肉片 120 克

洋葱末 50 克

胡萝卜丁 30 克

玉米粒 30 克

柿子椒丁 30 克

红彩椒丁 30 克

生抽 10 克

老抽 3 克

盐适量

白糖适量

白芝麻适量

做法

❶ 锅中放油，油热后加入牛肉片迅速翻炒至断生。

❷ 将炒好的牛肉片盛出备用。

❸ 锅中再放油，油热后炒香洋葱末。

❹ 加入胡萝卜丁翻炒至断生。

❺ 加入玉米粒、柿子椒丁、红彩椒丁翻炒至断生，然后加入炒好的牛肉片。

❻ 加入隔夜米饭迅速炒散。

❼ 加入生抽、老抽翻炒均匀，再加盐、白糖调味，撒白芝麻即可出锅。

三文鱼蛋炒饭

三文鱼和芝麻的搭配经常出现在我的脑海中，鸡蛋的添加让怡人的海味中更多了一丝熟悉的蛋香。

食材

隔夜米饭 250 克	小葱葱花 15 克
三文鱼丁 150 克	鸡蛋 1 个
圆白菜片 100 克	生抽 15 克
洋葱末 50 克	盐适量
胡萝卜丁 30 克	白糖适量
白芝麻 20 克	

做法

❶ 锅中放油，油热后加入打散的鸡蛋迅速炒散，盛出备用。

❷ 锅中再放油，油热后加入三文鱼丁快速翻炒至熟后盛出备用。

❸ 锅中再放油，炒香洋葱末。

❹ 加入胡萝卜丁翻炒至断生。

❺ 再加入圆白菜片翻炒至断生。

❻ 加入隔夜米饭迅速炒散。

❼ 然后加入三文鱼丁和鸡蛋碎以及生抽翻炒均匀。

❽ 最后加盐、白糖调味，撒小葱葱花以及白芝麻即可出锅。

黄金虾仁炒饭

不同于其他蛋炒饭的做法，这次我选择了用蛋液浸泡米饭的方式，这样炒出的米饭自带一层均匀的金黄色，颗粒也更分明。如果你想要米粒的金黄色更明显一些，可以打 3 个鸡蛋来浸泡米饭。

食材

隔夜米饭 300 克
圆白菜片 80 克
洋葱末 50 克
胡萝卜丁 50 克
小葱葱花 10 克
虾仁 12~15 个
鸡蛋 1 个
料酒 10 克
蚝油 10 克
盐适量
白糖适量

做法

❶ 隔夜米饭中打入 1 个鸡蛋并搅拌均匀，让每一粒米都包裹上蛋液。

❷ 锅中放油，油热后放入用料酒腌制 15 分钟的虾仁。

❸ 将虾仁煎熟后盛出备用。

❹ 锅中再放油，油热后炒香洋葱末，然后加入胡萝卜丁翻炒至断生。

❺ 加入用蛋液拌匀的隔夜米饭快速炒散。

❻ 加入圆白菜片翻炒至断生。

❼ 加入虾仁、蚝油快速翻炒均匀，再加盐、白糖调味，撒小葱葱花即可出锅。

金枪鱼海苔炒饭

一份可以让金枪鱼罐头变成家中常备食材的炒饭，不用再加工已经鲜味满满的金枪鱼罐头让整个饭的香气都瞬间升华。海苔碎如果你和我一样喜欢的话，就也多加一些吧。

食材

隔夜米饭 250 克

罐头金枪鱼肉 100 克

洋葱末 30 克

小葱葱花 20 克

海苔碎 10 克

太阳蛋 1 个

生抽 10 克

盐适量

白糖适量

白芝麻适量

做法

❶ 锅中放油，油热后加入洋葱末炒香。　❷ 加入隔夜米饭迅速炒散。

❸ 加入罐头金枪鱼肉翻炒至均匀。

❹ 加入海苔碎和生抽翻炒均匀，再加盐、白糖调味即可出锅。　❺ 装盘后放上太阳蛋，最后撒小葱葱花和白芝麻。

早餐时我很喜欢喝粥，特别是一些添加了肉类、海鲜和蔬菜的咸粥，能满足更多的营养需求。当然一些滋补暖胃的甜粥也很适合搭配其他主食一起出现在早餐的餐桌上。选对了食材和相应省时的烹饪方式，粥类早餐的制作也可以很省时。

红豆栗子暖粥

秋天是板栗最甜美的季节，黄昏的傍晚，下班回家路上抱着一袋冒着热气的糖炒栗子也是一种小小的幸福。秋意渐浓以后家里的早餐也变得暖乎乎的，用饱满的栗子来熬甜美的暖粥就特别适合秋风渐起的清晨。

食材

红豆 100 克
板栗 100 克
大米或紫米 50 克
红糖 20~30 克
红枣 5 个

做法

❶ 将除红糖外所有食材洗净，沥干水分。

❷ 将清洗好的食材一起放入电饭煲内胆中，再加 800 克水。

❸ 打开煮粥程序，完成即可，喝时放红糖，当然你也可以选择其他的熬粥方式。

桃胶银耳皂角米甜羹

一到秋天，江南水乡就满城飘香，桂花的香
气入甜羹是再美味不过的了。再搭配润燥的
银耳和滋补的桃胶，就是一碗秋日里滋补而
甜美的汤羹了。

食材

冰糖 45 克
皂角米 30 克
桃胶 15 克
银耳 15 克
枸杞子 15 克
红枣 10 个
干桂花适量

做法

① 提前一晚将桃胶用足量水充分浸泡备用。

② 皂角米提前充 6 个小时分泡发备用。

③ 银耳提前 1 个小时充分泡发备用。

④ 将除枸杞子和干桂花外的所有食材混合倒入锅中：加 800~1000
克水，中小火炖煮到浓稠，再加入枸杞子炖煮 10 分钟，最后撒
干桂花即可出锅。

南瓜奶香燕麦粥

燕麦是常见的早餐健康食材，选择即食燕麦，3 分钟
就可以煮出香浓的南瓜燕麦粥。偷偷告诉你，老南瓜
煮到软烂时是很容易搅碎的哦！

食材

牛奶 350 克　　　　　枸杞子 10 个　　　坚果和果干根据自己的喜好添加
去皮去子老南瓜 200 克　　红枣 5 个
即食原味燕麦片 75 克　　白糖适量

做法

❶ 去皮去子的老南瓜充分煮至软烂，捞出沥干水。

❷ 将老南瓜压成泥备用。

❸ 锅中放入牛奶、红枣和枸杞子，小火煮开。

❹ 加入即食原味燕麦片边搅拌边煮 3 分钟。

❺ 加入南瓜泥和适量的白糖搅拌均匀即可出锅，装盘后加坚果和果干装饰。

养生补肾粥

这是一款近两年经常喝的甜粥，女孩子到了年纪总是就会关注发量
的问题，这款粥里的黑芝麻、黑豆、核桃仁和黑米等食材都是对肾
和头发有益的，煮出来的粥因为有多种食材的添加，香气也浓郁了
很多，喜欢甜粥的你在看这一页吗？

食材

红糖 50 克　　黑豆 30 克　　枸杞子 20 克

黑米 45 克　　薏米 30 克　　黑芝麻 15 克

糯米 45 克　　核桃仁 30 克　中号红枣 12 个

做法

❶ 黑豆提前泡 4 个小时以上，然后将除了红糖和
　 枸杞子外的所有食材混合洗净，再和红糖一起
　 加 800 克水放入高压锅中。

❷ 选择杂粮粥程序，完成即可，如果没有高压锅，
　 那么普通锅的制作时间在 45 分钟左右，枸杞子
　 最后放入，无须加压，再煮 8 分钟即可。

青菜肉末粥

食材

青菜碎 200 克	小葱葱花 20 克	蚝油 10 克
肉末 100 克	姜 3 片	盐适量
大米 100 克	生抽 15 克	

做法

1. 肉末加入姜、生抽和一半小葱葱花拌匀腌制备用。
2. 锅中放油，油热后加入腌好的肉末快速炒散。
3. 加蚝油和适量盐翻炒。
4. 将洗净的大米、炒好的肉末和 800 克水混合放入电饭煲内胆中。
5. 选择煮粥程序完成即可，程序结束前加入青菜碎，盖上盖子继续焖片刻，出锅撒小葱葱花。也可根据自己的口味加盐调味。

妈妈的早餐菜肉粥

从小到大喝过妈妈熬的很多种粥，最爱的还是这个口感绵密鲜美的菜肉粥，和米粒一起炖煮到软烂的娃娃菜自带香甜，混合着香浓的粥体，虽然食材简单，但是也能让人回味很久。妈妈的味道也总是能让人记得很多很多年。

食材

娃娃菜丁 250 克
大米 120 克
猪肉丝 80 克
小葱葱花 20 克
姜 3 片
玉米淀粉 2 克
生抽 15 克
盐适量

做法

① 将猪肉丝用玉米淀粉、姜、生抽和一半小葱葱花腌制 15 分钟备用。

② 锅中放油，油热后加入腌好的猪肉丝迅速翻炒至熟。

③ 然后加入娃娃菜丁继续翻炒至断生。

④ 电饭煲内胆中放入洗净的大米和 1000 克水，再倒入之前炒好的菜、肉。

⑤ 打开煮粥程序，完成后加盐调味，最后撒小葱葱花即可出锅。

皮蛋瘦肉粥

皮蛋瘦肉粥是中国家庭里最常见的粥品之一，瘦肉和皮蛋的味道完美融合，再撒点葱花就更加完美，每次家里一做就会被喝到底朝天，你也试试吧。

食材

大米 100 克	姜 3 片	生抽 15 克
瘦肉薄片 80 克	玉米淀粉 3 克	料酒 8 克
小葱葱花 20 克	皮蛋 2 个	盐适量

做法

1. 瘦肉薄片加入生抽、料酒、姜、玉米淀粉和一半小葱葱花以及适量油腌制备用。
2. 大米洗净放入电饭煲内胆中，再加 800 克水，打开煮粥程序。
3. 离煮粥程序完成还剩 20 分钟的时候加入腌制好的瘦肉薄片和切块的皮蛋稍微搅拌均匀继续煮。
4. 煮粥程序完成后撒小葱葱花、加盐调味即可出锅。

玉米排骨粥

玉米排骨粥是冬季家里最常炖的汤，食材简单但是营养丰富口感鲜甜，用同样的食材煮粥，米粒吸满了汤汁的精华，更加浓郁香醇，记得选用甜玉米哦！

食材

猪肋排 200 克	甜玉米 1 根	姜 2 片	生抽 15 克
大米 100 克	小葱葱花 30 克	料酒 15 克	盐适量

做法

❶ 猪肋排充分洗净后加姜和料酒腌制 15 分钟备用。

❷ 腌制好的猪肋排冷水下锅焯水，然后捞出沥干。

❸ 电饭煲内胆或锅中加入焯好的猪肋排、800 克水、切成段的甜玉米和洗净的大米一起煮。

❹ 快煮好的时候加生抽和盐调味，出锅撒小葱葱花即可。

生滚牛肉窝蛋粥

一款在广式餐厅中很受欢迎的粥品，特别是最后放进去的那个水波蛋，有着鸡蛋的软嫩又包裹了鲜美浓厚的汤汁，喜欢牛肉的你不要错过哦！

食材

大米 100 克   葱末 5 克
牛肉薄片 80 克   淀粉 3 克
香菜碎 20 克   鸡蛋 2 个
小葱葱花 20 克   蚝油 10 克
姜丝 10 克   盐适量

做法

❶ 牛肉薄片加油、蚝油、姜丝、淀粉和葱末拌匀腌制备用。

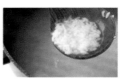

❷ 锅中放入 800 克水和大米，煮到米开花粥浓稠，记得搅拌。

❸ 逐片放入腌制好的牛肉薄片涮烫到熟。

❹ 然后打入 2 个鸡蛋。

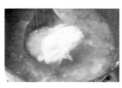

❺ 开中小火把鸡蛋煮熟。

❻ 加盐调味，撒小葱葱花和香菜碎即可出锅。

香菇鸡肉燕麦粥

香菇和鸡肉是常见又受欢迎的搭配，新鲜香菇香气怡人口感嫩滑，鸡肉选择鸡胸肉更是鲜嫩不柴，用燕麦代替大米熬煮出来的粥，不仅做起来更加快，喝起来也别有一番风味。

食材

香菇片 150 克　　　　　小葱葱花 20 克
鸡肉丝 100 克　　　　　生抽 15 克
即食原味燕麦片 100 克　盐适量

做法

❶ 锅中放油，油热后炒香一半小葱葱花。

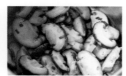

❷ 加入香菇片翻炒至断生。

❸ 加入鸡肉丝翻炒至断生。

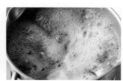

❹ 加入 800 克水和生抽煮开，炖煮 3~5 分钟。

❺ 倒入即食原味燕麦片拌匀并煮 3 分钟左右，加盐调味，再撒小葱葱花即可出锅。

鲜虾时蔬粥

一款做法稍微有些特别的极鲜美的粥，喝过就会被它的鲜美吸引。做这个粥的时候一定要盯住哦！虾肉熟透即可关火，不要煮过头，不然虾肉会变老变柴的。

食材

大米 100 克	香菜碎 10 克	蚝油 15 克
香菇片 80 克	鲜虾 8~10 只	盐适量
胡萝卜丁 50 克	姜 3 片	
小葱葱花 20 克	料酒 20 克	

做法

❶ 鲜虾剥出虾仁，保留虾壳、虾头备用，虾仁加入姜和料酒腌制备用。

❷ 锅中放油，油热后加入虾头、虾壳用中小火熬出红亮的虾油，可以加姜片同熬去腥。

❸ 然后捞出虾壳、虾头，将虾油留在锅中，可以挤压虾头、虾壳让里面的油脂充分析出。

❹ 虾油烧热后加入香菇片和胡萝卜丁翻炒至断生。

❺ 然后加入 800 克水、大米以及蚝油中小火煮粥。

❻ 一直煮到粥浓稠，米粒开花。

❼ 倒入腌制好的虾仁，连料酒和姜一起倒入。

❽ 继续煮到虾仁熟透。

❾ 加盐调味，撒小葱葱花、香菜碎即可出锅。

馅儿类

饺子和包子之类的主食非常适合事先做好冷冻保存，然后早晨拿出来直接加热当作早餐，馅儿料中的肉类和蔬菜也能保证营养的丰富与均衡，是快手早餐的很好选择。

羊肉胡萝卜饺子

羊肉馅儿的水饺最适合寒冷的冬天，鲜嫩的羊肉搭配大量的洋葱做出来的饺子香气十足，有了胡萝卜的添加更是多了一丝鲜甜，北方的冬天很冷，吃一碗刚出锅的饺子再配上热乎乎的饺子汤，人暖了，新一天的动力也就满了。

饺子馅儿食材

羊肉末 350 克
洋葱末 200 克
胡萝卜末 200 克
姜末 10 克
花椒粉 1 克
生抽 20 克

料酒 15 克
老抽 10 克
盐 3 克

饺子皮食材

面粉 500 克
盐 2 克

做法

❶ 羊肉末加入料酒、生抽、老抽、盐、洋葱末、花椒粉和姜末。

❷ 顺时针搅拌上劲，这样馅儿更紧实。

❸ 加入胡萝卜末搅拌均匀备用。

❹ 饺子皮食材混合加 250 克水揉成光滑面团，盖保鲜膜醒 20 分钟左右，再分切成 50~60 个剂子，擀皮，包裹肉馅儿。

❺ 捏紧饺子皮边缘包成饺子。

❻ 锅中倒入足量水烧开，把饺子下进去，盖上锅盖。等开锅后点入凉水，一共点 3 次凉水饺子就煮好了。

泡菜粉丝猪肉饺子

泡菜和猪肉的搭配好像怎么吃都不会厌，再加入泡发的粉丝增添口感，以及少量的韭菜增香，这款饺子用来做蒸饺也是很棒的。

饺子馅儿食材

猪肉末 350 克

泡菜末 200 克

泡发好的粉丝 120 克

韭菜末 100 克

葱末 50 克

蒜末 15 克

姜蓉 10 克

生抽 20 克

料酒 15 克

老抽 10 克

盐 2 克

饺子皮食材

面粉 500 克

盐 2 克

做法

❶ 猪肉末加入料酒、生抽、老抽、盐、葱末、蒜末和姜蓉。

❷ 顺时针搅拌上劲，这样馅儿更紧实。

❸ 加入泡菜末和切7 毫米长段的泡发粉丝搅拌均匀。

❹ 加入韭菜末搅拌均匀备用。

❺ 饺子皮食材混合加 250 克水揉成光滑面团，盖保鲜膜醒 20 分钟左右，再分切成 50~60 个剂子，擀皮，包裹肉馅儿，捏紧饺子皮边缘包成饺子。

❻ 在锅里倒入足量水烧开，下饺子，盖上锅盖煮。等开锅后点入凉水，一共点 3 次凉水饺子就煮好了。

虾仁猪肉三鲜饺子

包裹着整块虾仁的三鲜水饺，营养均衡又美味，你的早餐生活里记得加入它哦。

做法

❶ 猪肉末和虾肉末加入料酒、生抽、老抽、盐、葱末和姜末。

❷ 顺时针搅拌上劲，这样馅儿更紧实。

饺子馅儿食材

猪肉末 250 克
虾仁 200 克
虾肉末 150 克
韭菜末 100 克
葱末 50 克
姜末 10 克
生抽 20 克
料酒 15 克
老抽 10 克
盐 3 克

❸ 加入韭菜末搅拌均匀备用。

❹ 饺子皮食材混合加 250 克水揉成光滑面团，盖保鲜膜醒 20 分钟左右，再分切成 50~60 个剂子，擀皮，包裹肉馅儿，并直接加一个虾仁进去。

饺子皮食材

面粉 500 克
盐 2 克

❺ 捏紧饺子皮边缘包成饺子。

❻ 在锅里倒入足量水烧开，下饺子，盖上锅盖煮。等开锅后点入凉水，一共点 3 次凉水饺子就煮好了。

快手抱蛋煎饺

抱蛋煎饺是我最爱的早餐吃饺子的方式，能享受到饺子的同时还能吃到鲜香的煎蛋，最关键的是真的很简单快手，想吃精致早餐的你试试这个吧。

扫一扫，看视频

食材

生饺子 5~8 个
鸡蛋 2 个
小葱葱花 10 克
黑芝麻 5 克
盐少许

做法

1 锅中放油，中小火烧热后摆入生饺子。
2 煎到饺子底部金黄的时候倒入饺子一半高度的水。
3 盖上锅盖中小火焖煮到水分基本收干。
4 然后倒入加了一小撮盐打散的鸡蛋液，继续盖上锅盖中小火煎。
5 煎到蛋液凝固香气四溢时，撒上小葱葱花和黑芝麻即可出锅。

红油抄手

去成都旅行的时候就被当地琳琅满目的小吃一下子勾出了所有的馋虫，从甜水面到钟水饺再到红油抄手，每一样都能让人回味很久。红油抄手酸辣鲜香，一口一个根本停不下来。当然啦，不太能吃辣的朋友也可以选择辣度低的辣椒油来制作，就是看起来红艳但是鲜香微辣的口感啦！

食材

小馄饨（抄手）或大馄饨一人份
辣椒油 30 克
生抽 15 克
醋 15 克
小葱葱花 15 克
蒜末 5 克
白糖 3 克
白芝麻 2 克
花椒粉 1 克
盐少许

做法

❶ 辣椒油混合生抽、醋、花椒粉、白糖和盐放入碗中，搅拌均匀调成红油汤汁。

❷ 馄饨下锅煮，时间不宜过长，否则容易煮破皮。开锅后点一次凉水，等馄饨浮起呈半透明状就可捞出沥干水。

❸ 将馄饨盛在有红油汤汁的碗中，撒上小葱葱花、白芝麻和蒜末拌匀即可食用。

小时候最爱的小馄饨

清晨的阳光还没有很强，路上的车辆和行人也不是很多，在微微的清风里享用一碗热气腾腾的小馄饨，汤里飘着半透明的紫菜，散发出虾皮的香气，这就是我对小馄饨的记忆。如果你也喜欢，可以在汤底里滴几滴生抽，当然，用鸡汤来做也很棒。

馄饨食材

小馄饨皮 500 克　　蚝油 10 克
虾肉泥 200 克　　　生抽 5 克
五花肉末 200 克　　盐 3 克
葱姜水 70 克

汤汁食材

紫菜 10 克
虾皮 10 克
小葱葱花 5 克
盐适量

做法

❶ 虾肉泥混合五花肉末，加入蚝油、生抽、盐和葱姜水。

❷ 顺时针持续搅拌上劲，让葱姜水充分被吸收。

❸ 取一张小馄饨皮，抹上一点馅儿料。

❹ 先折起来捏一下。

❺ 再从两边捏一下收口，不要捏太用力，因为肉馅儿煮的时候受热收缩，皮也会跟着收缩。

❻ 包好的小馄饨可以撒干面粉防粘，吃不完的可以冷冻保存。

❼ 汤汁食材放入碗中，然后冲入开水。

❽ 小馄饨煮熟后捞出放入盛有汤汁的碗中即可。

糯米烧卖

扫一扫，看视频

小时候生活在北方的我，第一次吃糯米馅儿的烧卖还是在闺蜜家，原本以为自己不会很喜欢，但是吃过一次以后就彻底爱上了，加入各种蔬菜、肉类炒香的糯米馅儿软糯鲜香，筋道的口感也是我的最爱，你也试试吧。

食材

糯米 150 克	玉米粒 50 克	香肠丁 50 克	生抽 20 克
五花肉末 60 克	胡萝卜丁 50 克	小葱葱花 20 克	老抽 10 克
豌豆 50 克	香菇丁 50 克	饺子皮 20 张左右	盐 3 克

做法

❶ 糯米提前 4~5 小时用水泡上，然后蒸熟或者焖熟。

❷ 锅中放油，油热后小火煸炒小葱葱花、五花肉末和香肠丁，炒到油脂溢出。

❸ 加入香菇丁、胡萝卜丁、豌豆和玉米粒翻炒至断生。

❹ 加入生抽、老抽和盐调味，继续翻炒，并加入小半碗水，盖上锅盖小火炖煮到汤汁剩一个锅底的量时关火。

❺ 倒入蒸好或焖好的糯米，有汤汁不要紧，糯米会吸水。

❻ 搅拌到糯米和菜、肉等均匀混合成馅儿料，可以尝一下味道，不合适再调。

❼ 饺子皮正反蘸干面粉，用擀面杖将饺子片边缘擀薄呈花边状。

❽ 然后包入馅儿料，记得要适当压实一些。

❾ 然后借助虎口包成烧卖坯备用。

❿ 将烧麦坯排入蒸笼，放入开水锅里大火蒸 8~10 分钟即可。

鲜肉春笋烧卖

江南的春笋是不可多得的鲜美食材，加入馅儿料中是常见的做法之一，把适量的水打入肉馅儿中可以让蒸出来的烧卖更嫩滑多汁。春笋要选择嫩一些的笋尖来做，口感更好。

食材

五花肉末 300 克

春笋末 200 克

葱末 30 克

姜末 10 克

饺子皮 20 个左右

生抽 20 克

料酒 20 克

老抽 10 克

盐 3 克

做法

❶ 五花肉末加葱末、姜末、生抽、老抽、料酒、70克水和盐。

❷ 顺时针搅拌到上劲。

❸ 加入春笋末。

❹ 同样还是顺时针同一方向搅拌到上劲。

❺ 用擀面杖将饺子皮边缘擀薄呈花边状。

❻ 包入馅儿料。

❼ 借助虎口包成烧卖坯，开花的顶部下面稍稍捏紧。将烧麦坯排入蒸笼，放进开水锅里大火蒸 10 分钟即可。

鲜肉生煎包

在南方城市的早餐摊上，生煎包是最常见的美味之一，底部煎得香脆的外皮包裹着多汁的肉馅儿，撒在表面的黑芝麻和葱花是点睛之笔，增香又诱人，吃的时候要小心不要被汤汁烫到哦。

包子馅儿食材

五花肉末 450 克
小葱葱花 70 克
葱姜水（做法见 55 页）70 克
料酒 20 克
生抽 15 克

蚝油 15 克
老抽 8 克
盐 3 克
白糖少许

包子皮食材

面粉 400 克
酵母粉 5 克
盐 2 克

煎制、出炉装饰增香食材

小葱葱花适量
黑芝麻适量

做法

❶ 包子皮食材混合后加 250 克水揉成光滑面团。

❷ 密封放在温暖处发酵到 2 倍大小，拉开表面可见细密气孔。

❸ 包子馅儿食材充分混合。

❹ 顺时针搅拌到水分全部吸收并且上劲。

❺ 将面团均匀分成 30 份面剂子，包子馅儿也分成 30 份，把面剂子用擀面杖擀成四周薄中间稍厚的包子皮。

❻ 用包子皮包裹包子馅儿，使用包包子的方式包起来。

❼ 捏紧收口做成生煎包坯，并让收口蘸少量干面粉，然后将收口向下放置备用。

❽ 平底锅中倒油烧热，然后收口向下排入生煎包坯。

❾ 转中火盖上锅盖煎至底部金黄后，倒入生煎包高度三分之一的水，继续盖上锅盖中火煎制。

❿ 水分快收干的时候撒小葱葱花和黑芝麻，盖上盖子煎至水分收干即可出锅。

羊肉烤包子

去过新疆旅行的朋友一定知道，在那里早晨新鲜出炉还带着脆皮的羊肉烤包子是很受欢迎的。酥脆的外皮里是鲜嫩多汁的羊肉馅儿，每一口都是浓郁的享受，现在这样的元气早餐不用去新疆，自己在家也可以做啦！

包子皮食材

面粉 400 克
鸡蛋 1 个
盐 2 克

包子馅儿食材

羊肉末 450 克
洋葱末 150 克
料酒 20 克
生抽 20 克

盐 5 克
孜然粉 3 克
花椒粉 2 克

表面装饰以及黏合食材

鸡蛋液 1 小碗
白芝麻适量

做法

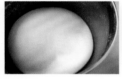

❶ 包子皮食材混合加 200 克水揉成光滑面团，然后盖上保鲜膜醒 20 分钟。

❷ 包子馅儿食材充分混合。

❸ 顺时针搅拌到水分充分吸收、混合均匀并且上劲。

❹ 将面团均分成 15 份面剂子，包子馅儿也均分成 15 份，然后用擀面杖把面剂子擀成长方形薄片。

❺ 在薄片上铺一份包子馅儿，并在四周刷上蛋液，以便后面黏合。

❻ 先黏合两个长边。

❼ 然后把两个短边继续折叠包起来。

❽ 记得短边收口要重叠一点并紧密贴合。

❾ 然后收口向下放在烤盘中，表面刷一层鸡蛋液，撒上白芝麻，烤箱预热到 220℃，中层烤制 15 分钟至上色即可。

酱香饼、馅儿饼、发糕、米糕等各种糕、饼是很受欢迎的早餐，也是我每次去早餐店经常买的主食，其实这些美味在家就可以轻松做出来，喜欢糕、饼的你也试试吧。

韭菜馅儿饼

一种吃完可能会有口气的重口味面食，每个早餐店味道飘得最远的就是它了，虽然味道很重，但是丝毫不影响大家对它的喜爱啊！记得吃完要嚼口香糖哦。

馅儿料食材		饼皮食材
韭菜末 180 克	蚝油 15 克	面粉 250 克
泡发粉丝 120 克	生抽 15 克	盐 2 克
肉末 80 克	盐 2 克	
鸡蛋 2 个	白糖适量	

做法

❶ 饼皮食材混合加 160 克水揉成光滑面团，包裹保鲜膜醒 20 分钟。

❷ 将面团均匀分成 6 个小面团备用。

❸ 锅中放油烧热，加入打散的鸡蛋翻炒。

❹ 把鸡蛋翻炒稍碎一些盛出备用。

❺ 泡发粉丝切段，和其余所有馅儿料食材混合搅拌均匀。

❻ 把饼皮擀开，包入拌好的馅儿料捏紧收口制成馅儿饼坯。

❼ 轻轻把饼坯擀成手掌大小的饼，放入烧热的油锅中煎到两面金黄即可。

千层牛肉饼

看了就会做的千层牛肉饼，新手也可以轻松成功哦。出锅趁热切的时候能听见咔嚓咔嚓的脆声，汤汁饱满的牛肉香气扑鼻，是一道适合假期里给家人做的早餐。

馅儿料食材

牛肉末 250 克
洋葱末 60 克
小葱末 30 克
葱姜水（做法见 55 页）40 克
姜末 5 克

料酒 10 克
生抽 10 克
老抽 8 克
盐 1 克
白糖少许

饼皮食材

中筋面粉 250 克
盐 2 克

做法

❶ 混合所有馅儿料食材，同方向搅拌均匀并且上劲，冷藏静置备用。

❷ 饼皮食材混合加 150 克水、10 克油搅拌。

❸ 揉成光滑面团，包裹保鲜膜醒 20 分钟。

❹ 将面团均分成 2 份。

❺ 每份擀成长 40 厘米宽 30 厘米的薄片，并如图切 4 刀。

❻ 在其中 5 片上都抹上拌好的馅儿料。

❼ 然后如图依次叠起来，注意一定要捏紧收口。

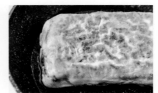
❽ 放入烧热的油锅中，中火煎到两面金黄，记得中途要盖上盖子焖，这样内层才能熟透哦。

76

老北京鸡肉卷

老北京鸡肉卷这种肯德基的必点高光产品，其实在家也可以做啦！自己炸的鸡柳一不小心就偷吃了好几条，可以多炸一些直接吃哦。用鸡小胸制作，肉质会更鲜嫩不柴。

食材

鸡胸肉 150 克
墨西哥卷饼 2 张
黄瓜条 100 克
葱白丝 20 克
生菜叶 2 片
甜面酱 30~40 克

鸡肉腌制调料

生抽 15 克
玉米淀粉 3 克
盐少许

鸡肉裹料

鸡蛋 1 个
玉米淀粉适量
面包糠适量

做法

❶ 鸡胸肉切手指样粗条，加入鸡肉腌制调料拌匀腌制备用。

❷ 腌制好的鸡肉条先裹一层玉米淀粉。

❸ 再裹一层打散的鸡蛋液。

❹ 最后裹一层面包糠，放入油烧热的锅中，煎熟透，炸也可以，盛出备用。

❺ 墨西哥卷饼喷少量水用平底锅稍微热一下，使之更香软，然后涂抹甜面酱。

❻ 放上生菜叶、葱白丝和黄瓜条。

❼ 最后放上煎制好的鸡肉条，卷起来即可。

校门口的梅干菜肉饼

上学的时候，校门口不远处就有一家梅干菜肉饼店，不同于其他家的饼很薄很脆，这家的饼稍厚一些也更有韧性，我经常放学后去吃。时间一晃过去好多年，饼店还在，店里的香气也没有变，去店里光顾的学生们却换了一批又一批。学校附近的美食，哪些又住在你的心里呢？

馅儿料食材

五花肉末 180 克　　白糖 15 克
梅干菜碎 60 克　　　生抽 10 克
小葱葱花 50 克

饼皮食材

面粉 300 克
盐 2 克

做法

❶ 饼皮食材混合，加185 克温水揉成光滑的面团，密封醒15 分钟。

❷ 将面团均匀分成 6个小面团，这个配方可以做 6 张饼。

❸ 锅中放油烧热，炒五花肉末至油脂溢出。

❹ 加入梅干菜碎翻炒到香气四溢。

❺ 加入生抽和白糖翻炒均匀。

❻ 将面团擀成饼皮，并包入梅干菜肉馅儿。

❼ 再塞入一把小葱葱花，这是饼好吃的关键。

❽ 然后捏紧收口制成饼坯。

❾ 把饼坯擀成直径约15 厘米的面饼。

❿ 将面饼放入锅中用中小火烙到正反如图状态即可。

窝窝头配炒什锦

有时候每天都吃精致面粉做的面食，偶尔也会馋一下玉米香浓郁的窝窝头和其他的杂粮面点，配一些下饭的小菜和温润的粥品再合适不过。

玉米窝窝头食材

中筋面粉 200 克
玉米面 150 克
酵母粉 2 克

炒什锦食材

雪菜（雪里蕻）末 200 克	小葱葱花 30 克	蚝油 20 克	白糖适量
春笋丁 200 克	蒜末 5 克	生抽 15 克	
肉末 100 克	姜末 5 克	料酒 8 克	
豆腐干丁 100 克	小米椒 3 个	盐适量	

做法

❶ 玉米面倒入 200 克开水，迅速搅拌成无干面粉状态。

❷ 冷却后加入 50 克温水、酵母粉、中筋面粉。

❸ 揉成光滑面团，盖上保鲜膜醒 15 分钟。

❹ 将面团分成大约 30 克一个的小面团，做成窝窝头坯。

❺ 将窝窝头坯排入蒸笼，注意保持距离，然后将蒸笼放在盛有 60℃温水的蒸锅中，先不开火醒 10 分钟，再迅速烧开水蒸。

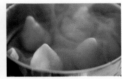

❻ 持续大火蒸 8~10 分钟，然后关火闷 3 分钟即可出锅。

❼ 肉末加一半的葱花、一半生抽和全部料酒拌匀腌制备用。

❽ 锅中放油，油热后炒香姜末、蒜末和另一半小葱葱花。

❾ 然后加入肉末翻炒至断生。

❿ 加入雪菜末、春笋丁、豆腐干丁翻炒至熟、香气四溢。

⓫ 加入切圈的小米椒、蚝油和另一半生抽翻炒均匀，再加盐、白糖调味即可出锅。

快手火腿鸡蛋饼

傻瓜版的鸡蛋饼，只要有鸡蛋和面粉就可以做出来，记得用不粘锅，并且火腿肠要选择肉多的才更美味。煎制过的葱花香气飘满屋子的时候，也就是新一天的开始。偷偷告诉你，蘸番茄酱是小朋友们最喜欢的吃法哦。

食材

面粉 80 克　　火腿肠丁 40 克　　小葱葱花 25 克　　鸡蛋 2 个　　盐 1 克

做法

❶ 鸡蛋打入面粉中，再加 150 克水和盐搅拌均匀成细腻顺滑的面糊。

❷ 将小葱葱花和火腿肠丁倒入面糊中搅拌均匀。

❸ 平底不粘锅中刷薄薄一层油，倒入拌好的面糊煎至两面熟透即可，这个配方可以做 2 张直径 20~22 厘米的饼。

红糖发糕

上小学的时候，学校里每天上午都有加餐，每周一定都能吃到的就是红糖发糕，可能小孩子都喜欢香甜的东西吧，一到吃红糖发糕的时候，班里总是更热闹一些，长大了也总会想起小时候那般香甜的味道。

食材

面粉 140 克   木薯淀粉 60 克   鸡蛋 1 个

红糖 65 克   红枣 10~15 个   酵母粉 3 克

做法

❶ 将酵母粉加 130 克水搅拌均匀使其活化。

❷ 加入红糖、打入鸡蛋搅拌均匀。

❸ 加入面粉、木薯淀粉搅拌均匀，密封发酵到 2 倍大小。

❹ 将其再次搅拌到无气泡，然后倒入事先涂抹了油的 6 寸模具中静置 20 分钟。

❺ 将模具放入盛有热水的锅中，盖上锅盖，再发酵 20 分钟。

❻ 然后马上将模具放进水开的蒸锅里大火蒸 30 分钟即可。

上学时的鸡蛋煎饼

在北方，日常的早餐是杂粮面做的加了薄脆的煎饼馃子。而在南方一带鸡蛋煎饼则是用面粉淀粉糊摊出来的，夹了油条代替薄脆，也是很美味的早餐！甜面酱、辣椒酱和榨菜末是南方鸡蛋煎饼的点睛之笔。

食材

面粉 65 克　　　　　小葱葱花适量
玉米淀粉 20 克　　　榨菜末适量
鸡蛋 2 个　　　　　甜面酱适量
火腿肠 2 根　　　　辣椒酱适量
油条 2 根　　　　　黑芝麻适量
生菜叶 2 片

做法

❶ 面粉、玉米淀粉混合，加 215 克水搅拌均匀制成面糊。

❷ 在稍大的平底锅中倒油，摊开烧热。

❸ 倒入一半面糊迅速摊开、摊匀。

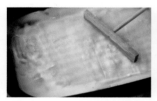

❹ 面糊起泡后打入 1 个鸡蛋，摊开、摊匀。

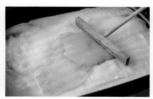

❺ 趁蛋液还未凝固，撒上小葱葱花和黑芝麻。

❻ 然后翻面继续煎，翻面后在上面刷甜面酱、辣椒酱，铺上生菜叶，撒上榨菜末，并摆上油条、火腿肠。

❼ 煎熟后卷起来即可。这个配方可以做 2 个鸡蛋煎饼。

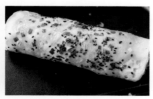

姥姥家的果干米糕

这款米糕是妈妈教我做的,全部用米粉来做的糕会比发糕扎实一些,但是米香浓郁。其实最重要的还是它有着记忆里小时候姥姥家的味道——浓浓的枣香和米粉的香甜气息。用泡打粉制作会更快一些,喜欢米香的你也可以试试。

食材

黏米粉 300 克　　　　糖渍橙皮 30 克
牛奶 280 克　　　　　葡萄干 30 克
细砂糖 60 克　　　　　红枣 10 个
蔓越莓干 30 克　　　　泡打粉 5 克

做法

❶ 黏米粉混合牛奶、细砂糖和泡打粉搅拌均匀,静置 10 分钟。

❷ 加入混合的果干搅拌均匀制成米糊。

❸ 将米糊倒入模具中,尽量用不粘模具,如果模具不防粘,记得在内壁涂抹油防粘。

❹ 在米糊上面轻轻放上红枣,也可以再撒一些果干,放入水开的蒸锅中,大火蒸30 分钟,关火再闷 3 分钟出锅。

回忆酱香饼

扫一扫，看视频

如果说红糖发糕是小时候的回忆，那么酱香饼一定属于大学。其实酱香饼很早就出现在我的生活里了，菜市场卖它的摊位前总是会有人排队，但是印象最深刻的还是大学寝室里闺蜜对它的喜爱，每天的早饭都少不了它。

面饼食材	酱料食材	
面粉 400 克	洋葱末 50 克	甜面酱 30 克
盐 3 克	小葱葱花 30 克	蒜蓉 10 克
花椒粉 2 克	郫县豆瓣酱 30 克	白芝麻 5 克
孜然粉 2 克	黄豆酱 30 克	白糖 2 克

做法

❶ 锅中放油烧热，然后浇入盛有孜然粉和花椒粉的碗中，搅匀制成花椒孜然油备用。

❷ 面粉加 240 克 60℃左右的温水和盐揉成光滑面团，盖上保鲜膜醒 10 分钟。

❸ 将面团分成 2 个小面团，并分别擀成长 40 厘米宽 30 厘米的长方形薄片，再涂抹花椒孜然油。

❹ 然后从长边方向卷起来，捏紧收口。

❺ 把长条面团卷成圆饼状，盖上保鲜膜再醒 10 分钟。

❻ 把面团擀成直径约 28 厘米的圆形饼坯。

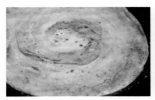

❼ 将饼坯放入烧热油的平底锅中两面煎熟。

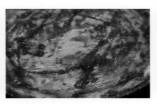

❽ 锅中放油烧热，炒香洋葱末、蒜蓉后关火，加入其余除小葱葱花和白芝麻外的酱料食材拌匀制成酱料，并取适量涂抹在饼的一面上。

❾ 撒上小葱葱花和白芝麻即可出锅（酱料用不完可以冷藏保存）。这个配方可以做 2 张酱香饼。

〔粉面类〕

清晨一碗热乎乎的汤粉和飘香的面条也是很棒的早餐选择，从最家常的番茄鸡蛋浓汤面到云南的小锅米线，这里的每一款都是温暖的早餐之光，带给你一整天的满满元气。

云南小锅米线

扫一扫，看视频

第一次吃小锅米线是在去云南旅行时入住的民宿里，热心的老板娘特意早起做的，自从吃了第一口就再也忘不掉那种香喷喷的味道和暖乎乎的感觉。云南那边做小锅米线用的是提前煮好的肉汤，快手的做法我们就用油来炒一下吧。

食材

泡发好的米线或新鲜米线 220 克
肉末 200 克
云南酸腌菜末 120 克
绿豆芽一把
韭菜一小把
小葱葱花 5 克
蒜末 5 克

小米椒 3~5 个
干辣椒 3 个
生抽 15 克
盐适量

做法

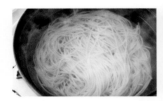

❶ 锅中加足量的水，水开后放入米线煮熟。

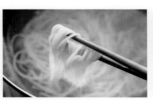

❷ 煮好的米线迅速捞出过冷水，这样米线会保持白嫩又滑溜哦!

❸ 锅中放油烧热，加入葱花、蒜末、切圈的干辣椒和小米椒爆香。

❹ 加入肉末快速翻炒至散开。

❺ 肉末泛白后即可加入酸腌菜末一起翻炒，炒制的过程中可以加少许生抽。

❻ 加入 800 克水煮成汤底，这个过程可以根据个人口味再加盐调味。

❼ 汤底调好味煮开后即可放入绿豆芽和切成段的韭菜一起煮。

❽ 最后加入米线一起煮，煮沸后再煮 1~2 分钟即可出锅。

干炒牛河

广式小吃中有一道非常出名，就是干炒牛河。鲜嫩的牛肉和爽滑的河粉，这两种食材搭配在一起怎样都不会出错。韭黄和绿豆芽也一定不能少啦！

牛肉腌制食材

牛肉片 60 克

料酒 5 克

生抽 3 克

玉米淀粉 3 克

蚝油 3 克

老抽 1 克

河粉炒制食材

河粉 120 克

绿豆芽 80 克

韭黄段 50 克

小葱葱段 15 克

生抽 10 克

蚝油 8 克

老抽 3 克

盐适量

白糖适量

白芝麻适量

做法

❶ 牛肉片加入其余腌制食材。

❷ 搅拌均匀后冷藏腌制 5 分钟备用。

❸ 锅中放油，油热后迅速翻炒牛肉片至断生，盛出备用。

❹ 不用洗锅，在锅中放入绿豆芽、韭黄段和小葱葱段翻炒至断生。

❺ 加入河粉快速翻炒至河粉断生、充分散开。

❻ 加入炒好的牛肉片、生抽、老抽、蚝油翻炒均匀，再加盐和白糖调味即可出锅，最后撒适量白芝麻点缀。

广式快手肠粉

一直觉得吃广式早茶是件很放松很享受的事情，我最爱的就是筋道爽滑的肠粉了，其实家里只要有浅盘，肠粉也是可以轻松做出来的。记得肠粉糊一定不要倒太厚，并且蒸制的时候要用旺火哦。

肠粉皮食材

澄粉 50 克
黏米粉 40 克
玉米淀粉 8 克
鸡蛋 1 个

肠粉淋酱食材

牛肉末 60 克
小葱葱花 20 克
蒜蓉 5 克
生抽 15 克
蚝油 10 克
老抽 5 克
盐适量
白糖适量

做法

① 锅中倒油，油热后加入牛肉末快速炒散。

② 再加入生抽、老抽、蚝油翻炒均匀。

③ 加入 100 克水炖煮一下，保留一些汤汁，再加入小葱葱花、蒜蓉、盐和白糖拌匀制成淋酱，盛出备用。

④ 肠粉皮食材除鸡蛋外全部混合加 240 克水搅拌均匀制成肠粉糊。找一个直径 30~35 厘米的浅盘，或者不锈钢方盘也可以，在盘子里面刷薄薄一层油，再倒一层肠粉糊。

⑤ 然后再倒上两勺打散的鸡蛋液。

⑥ 将盘子放入蒸锅中，大火蒸 3~4 分钟到肠粉表面起泡。用刮板将其从盘中刮下来再淋上淋酱即可。

葱油拌面

葱油拌面是江南一带最常见的早餐，搭配一碗热乎乎的小馄饨再合适不过。葱油的制作很简单，煎煮的过程中香气弥漫了整个房间。可以多做一些葱油酱汁，放在冰箱里冷藏。

食材

鲜面条 120 克
小葱 100 克
生抽 70 克
老抽 40 克
白糖 10 克

做法

❶ 小葱洗净后切成 5 厘米长的段，锅中放油烧热，用小火煎小葱段。

❷ 一直煎到小葱段泛出金黄色。

❸ 加入生抽、老抽和白糖，边搅拌边煎。

❹ 再次煎到油沸即可关火（建议选用口径小一些的锅）。

❺ 把做好的葱油酱汁根据自己的口味浇 2~3 勺在煮好的面条上，拌匀即可，注意面条不要煮太软烂。

香菇肉酱拌面

有时候，你离美味的早餐只差一瓶香喷喷的香菇肉酱。可以拌面、可以夹饼夹馒头的香气浓郁的香菇肉酱，非常适合做一罐存在冰箱里当快手早餐的搭配。

食材

肉末 200 克

香菇丁 150 克

鲜面条 120 克

小葱葱花 30 克

黄豆酱 15 克

生抽 15 克

料酒 10 克

老抽 5 克

蒜末 5 克

姜 3 片

盐适量

白糖适量

做法

❶ 肉末加入姜、小葱葱花和料酒腌制备用。

❷ 锅中放油，油热后加入肉末快速炒散。

❸ 加入香菇丁继续翻炒至断生。

❹ 加入生抽、老抽、蒜末和黄豆酱翻炒均匀。

❺ 加 200 克水稍微炖煮并加适量盐和白糖调味，煮到汤收浓出锅，吃的时候淋在煮好的面条上即可（也可撒小葱葱花装饰）。

酸辣牛肉拌面

嫩滑的牛肉和浓郁的酱汁浇在煮好的面上，就是怎么都吃不够的一碗牛肉拌面啦。彩椒和洋葱富含维生素，牛肉是优质蛋白质的来源，好吃又营养的一碗面，适合每天努力生活的你。

食材

鲜面条 120 克
牛肉片 50 克
番茄丁 50 克
红彩椒片 30 克
黄彩椒片 30 克
柿子椒片 30 克
洋葱块 30 克
生抽 10 克
蚝油 10 克
淀粉 3 克
水淀粉小半碗
盐适量

做法

❶ 牛肉片加淀粉、生抽搅拌均匀备用。

❷ 锅中放油，油热后加入牛肉片快速翻炒至断生后盛出备用。

❸ 锅中再放油，烧热后炒香洋葱块。

❹ 加入黄彩椒片、红彩椒片和柿子椒片翻炒至断生。

❺ 加入番茄丁、牛肉片和蚝油快速翻炒均匀。

❻ 最后加入水淀粉、盐调味后出锅，浇在煮好的面条上即可。

番茄鸡蛋浓汤面

番茄鸡蛋浓汤面大概是最家常的一款汤面了，番茄和鸡蛋的搭配一直都是营养满满又味道鲜甜，浓郁的汤汁更是可以喝到一滴不剩，这一款汤面你是不是也和我一样从小吃到大呢？

食材

番茄 2 个（约 400 克）

鸡蛋 2 个

鲜面条 120 克

小葱葱花 20 克

蒜末 5 克

生抽 10 克

盐适量

白糖少许

做法

❶ 锅中放油，油热后放入打散的鸡蛋。

❷ 迅速将鸡蛋炒到凝固、炒碎、色泽金黄后盛出备用。

❸ 锅中再放油，油热后炒香一半小葱葱花。

❹ 加入切成丁的番茄翻炒，炒到出汁。

❺ 加入 750 克水炖煮 3 分钟。

❻ 下入鲜面条煮熟，加入炒好的鸡蛋碎，再加蒜末和生抽、盐和白糖调味。

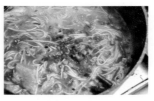

❼ 最后撒另一半小葱葱花即可出锅。

肉丝炒面

简简单单的炒面因为有了小青菜的加入而香气四溢，
被霜打过的青菜会更多一丝鲜甜的味道哦。

食材

鲜面条 120 克	肉丝 80 克	生抽 15 克	盐适量
小青菜 120 克	洋葱丝 50 克	蚝油 10 克	白糖适量
绿豆芽 80 克	小葱葱花 20 克	老抽 5 克	

做法

❶ 肉丝加入生抽和一半小葱葱花腌制备用。

❷ 面条放入锅中煮到九成熟的时候捞出。

❸ 捞出的面条迅速过冷水后沥干水分备用。

❹ 锅中放油，油热后加入肉丝快速翻炒至断生后盛出。

❺ 锅中再放油，油热后炒香洋葱丝。

❻ 然后加入绿豆芽和小青菜翻炒至断生。

❼ 加入肉丝一起翻炒。

❽ 加入沥干水的面条、老抽以及蚝油迅速翻炒均匀。

❾ 加适量盐和白糖调味，撒小葱葱花即可出锅。

105

酱油海鲜炒面

我最近很爱炒面，也总是能想起来上学的时候，每天晚上从图书馆回寝室之前都要去吃一碗热腾腾、香气满溢的炒面，仿佛填满了胃，就可以睡得更安稳。周末去了一趟超市带回不少海鲜，那就做一个色泽浓郁的海鲜炒面吧，加入小米椒会带来一些辣味，用蚝油和生抽、老抽一起调味上色，整盘的炒面都让人更有食欲啦！香菜也是很出彩的搭配，记得要放哦。

食材

鲜面条 200 克	鱿鱼圈 10 个	香菜碎少许
圆白菜丝 200 克	墨鱼花 10 个	生抽 15 克
胡萝卜丝 80 克	煎鸡蛋 2 个	老抽 10 克
洋葱丝 60 克	蒜末 10 克	蚝油 10 克
小葱葱花 20 克	小米椒 3 个	盐适量
鲜虾 10 只	姜 3 片	白芝麻适量

做法

❶ 面条煮到九成熟捞出过冷水备用，记得千万不要煮过熟哦，不然炒制后口感会太糊。

❷ 锅中放油，放稍微多一些，因为炒面比较吸油。油热后加入小葱葱花、姜、蒜末、洋葱丝和切圈的小米椒等炒香。

❸ 加入圆白菜丝和胡萝卜丝翻炒至基本断生。

❹ 加入海鲜食材炒至基本断生，再加入沥干水分的面条和生抽、老抽、蚝油、盐等翻炒均匀。

❺ 撒上白芝麻、香菜碎，盖上煎鸡蛋即可出锅。这个配方是 2 人份。

3
PART

慵懒的世界各地
美味早餐

喜欢旅行的我，在旅行中也最
喜欢去体验各个国家各个地方
不同的风土人情。一直觉得最
能体现当地风情和生活方式的
就是当地的市场和早餐店，所
以每次去不同的地方，体验不
同的早餐是我最期待的事情之
一。那就跟我一起来试试异域
风情的美味早餐吧！

元气西式早餐

在假期里，睡完懒觉起床以后，不妨给自己做一份精致的西式早餐，黄油和面包的香气总是能让人感受到强烈的愉悦。

罗宋汤配面包

天气转凉以后，每天就更期待早晨的餐桌上有热乎乎的汤品，搭配麦香浓郁的面包，吃完元气满满地出门，一整天的心情都会更好一些。快手的做法是提前一天把牛肉炖好，第二天只需要加入蔬菜煮熟就行啦！

食材

面包适量	洋葱丁 150 克
番茄块 500 克	胡萝卜丁 100 克
土豆丁 250 克	黑胡椒碎适量
牛肉块 200 克	盐适量
圆白菜片 200 克	

做法

❶ 牛肉块充分清洗干净后加入 1500 克水，冷水下锅煮，撇去浮沫，盖上锅盖中小火煮 90 分钟，或者用高压锅压 20 分钟。

❷ 另起油锅，油热后炒香洋葱丁。

❸ 加入胡萝卜丁和土豆丁翻炒至断生。

❹ 加入圆白菜片翻炒至断生。

❺ 加入番茄块翻炒至出汁。

❻ 然后倒入煮好的牛肉汤中，继续煮到胡萝卜丁、土豆丁软烂，加盐、黑胡椒碎调味即可出锅搭配面包食用。

北非蛋配面包

扫一扫，看视频

烤到表面金黄、热气腾腾的面包，蘸着汤汁浓厚、蛋香滑嫩的北非蛋一起食用，这样的早餐也是每次都想要舔盘的啦！如果你不太能吃辣可以选择彩椒，北非蛋我更喜欢鸡蛋烤到半熟的状态，你也可以尝试一下。用烤箱或者直接明火制作都可以，根据自己的喜好来就好了。

食材

面包适量
鸡蛋 1 个
番茄丁 300 克
柿子椒碎 75 克
红彩椒碎 75 克
洋葱末 60 克

香菜碎 20 克
蒜末 10 克
孜然粉少许
黑胡椒碎适量
盐适量

做法

❶ 锅中放油，油热后炒香洋葱末、蒜末。

❷ 加入柿子椒碎、红彩椒碎翻炒至断生。

❸ 加入番茄丁翻炒到出汁，再加盐、孜然粉和黑胡椒碎调味。

❹ 将炒好的食材放入直径 15 厘米的小铸铁锅中。

❺ 将中间处理成凹陷区域，打入 1 个鸡蛋。

❻ 将小铸铁锅放入预热到 200℃的烤箱中烤制 6~10 分钟即可，或者直接在明火上加热至自己喜欢的状态也行。

❼ 出炉撒香菜碎即可食用，配面包更是绝佳。

可颂三明治

在面包店等一炉新鲜出炉的可颂，每一口咬下去都微热、酥脆、香气浓郁，这大概是我最喜欢做的一件事之一。用微热的可颂做三明治，也是非常好的选择，记得隔夜的可颂稍微用烤箱或平底锅热一下哦。

食材

可颂 2 个　　　　　番茄片 4 片
水煮鸡蛋 2 个　　　生菜叶 2 片
黄瓜片 50 克　　　沙拉酱 30 克
火腿片 6 片

做法

❶ 可颂从中间切开备用，可以加热一下，微热香脆更好吃。

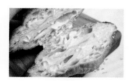

❷ 两个切面都涂抹沙拉酱。

❸ 在可颂中间铺上充分沥干水分的生菜叶。

❹ 继续铺上番茄片。

❺ 再夹入黄瓜片和火腿片。

❻ 最后放上切片的水煮鸡蛋，合起来就可以开动啦。这个配方可以做 2 个可颂三明治。

金枪鱼鸡蛋热三明治

以前在冬天对三明治的期待会少很多，因为天太冷了，冷冰冰的三明治好像会带走身体里的暖意，但是如果把它做成热乎乎的美味，好像对三明治的爱在冬天就又回来了。

食材

吐司 4 片　　罐头金枪鱼肉 100 克　　生菜叶 2 片　　鸡蛋 2 个　　沙拉酱 50 克　　番茄薄片 2 片

做法

❶ 准备好三明治机，开启并加热，倒入一点点油，准备先煎鸡蛋。

❷ 打入 1 个鸡蛋，煎熟后盛出备用。

❸ 然后在三明治机上放一片方形吐司，根据自己的喜好涂抹沙拉酱。

❹ 盖上一片充分沥干水分的生菜叶，并放上罐头金枪鱼肉。

❺ 再铺上一片薄薄的番茄片，不要太厚，不然汁水会太多。

❻ 盖上前面煎好的鸡蛋，最后再盖上一片同样涂抹好沙拉酱的吐司。

❼ 盖上盖子，选择 3~5 分钟的加热压制就可以了。如果没有三明治机，直接全部组合好放入 160℃的烤箱中烤 5 分钟也行。这个配方可以做 2 个金枪鱼鸡蛋热三明治。

猫王三明治

充满惊喜的搭配，既有香蕉的香甜，也有培根的浓郁香气，花生酱的添加更是升华了整个三明治的味觉体验，不要怕它是热量炸弹，早餐就是要吃得饱饱的。

食材

吐司 2 片　　培根 6 片　　香蕉 1 根　　花生酱 30 克　　黄油 10 克　　蜂蜜适量

做法

❶ 培根煎熟，煎出油脂备用。

❷ 2 片吐司都单面涂抹足够的花生酱。

❸ 1 片吐司抹酱面朝上，摆上香蕉片，再淋上适量蜂蜜（香蕉片切厚一些更好吃）。

❹ 摆上煎好的培根。

❺ 然后盖上另一片吐司，抹酱面朝下。

❻ 锅中放黄油，化开后煎制吐司或者用三明治机压制都可以，记得要趁热吃哦。

鲜虾三明治

夹着满满鲜虾的三明治可以满足一上午的营养需求，配一杯口味清淡的咖啡最合适不过了！这里的虾仁建议选择大一些的，口感更好。

食材

吐司 3 片
虾仁 8~10 个
鸡蛋 1 个
黄瓜片 5 片
生菜叶 1 片
奶酪 1 片
番茄片 1 片
沙拉酱 30 克

做法

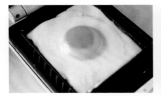

❶ 锅中放油，将鸡蛋煎熟盛出备用，半熟也可以。

❷ 用剩余的油把虾仁煎熟备用。

❸ 3 片吐司均涂抹沙拉酱备用，其中 2 片只抹一面，1 片两面均涂抹。

❹ 在 1 片一面涂抹沙拉酱的吐司上铺上生菜叶，抹酱面朝上。

❺ 铺上煎好的鸡蛋。

❻ 铺上番茄片。

❼ 铺上另一片两面都涂抹了沙拉酱的吐司。

❽ 然后再铺上黄瓜片、虾仁以及奶酪。

❾ 最后盖上第三片一面涂抹沙拉酱的吐司即可，抹酱面朝下，也可借助保鲜膜操作。

热狗三明治

只需要煎好热狗肠就可以马上完成的早餐，当然啦，如果可以用烤箱把面包复热一下，口感会更棒！

食材

热狗面包 2 个
热狗肠 2 根
生菜叶 2 片
奶酪 2 片
番茄酱适量
黄芥末酱（也可用沙拉酱代替）适量

做法

❶ 热狗面包从中间切开，然后夹入一片沥干水分的生菜叶。

❷ 再夹入奶酪片和煎熟的热狗肠。

❸ 最后挤上番茄酱和黄芥末酱（或沙拉酱）即可。这个配方可以做 2 个热狗三明治。

格兰诺拉麦片

格兰诺拉麦片是坚果香气非常浓郁的一款早餐烤燕麦，搭配酸奶和牛奶混合食用都是很棒的选择，记得烤制结束凉透以后就迅速密封保存，不然会变得不够香脆哦！建议使用椰子油来烤制，香气会更浓郁一些。

食材

生燕麦片 200 克
椰蓉 50 克
椰子油 45 克
蜂蜜 45 克
核桃仁 30 克
大杏仁 30 克
榛子仁 30 克
提子干 30 克
葡萄干 30 克
蔓越莓干 30 克
枸杞子干 20 克
红糖 30 克

做法

❶ 生燕麦片、坚果、椰蓉充分混合，先不要加入果干，不然会烤得太干。

❷ 椰子油、蜂蜜、红糖混合隔水化匀，加入到上一步的混合物中。

❸ 充分搅拌均匀然后放入烤盘铺平。

❹ 放入预热到 150℃ 的烤箱中层烤制 30 分钟，第 15 分钟的时候翻面，并翻松一些，让麦片烤制得更均匀，第 25 分钟的时候加入果干烤制到结束即可。冷却后立即装瓶可保持香脆的口感。

隔夜谷物鲜果燕麦

适合炎热夏天的爽口早餐，提前一晚做好，第二天添加新鲜的水果和香脆的坚果就是营养满满的一餐，可以放在梅森瓶里制作，这样就可以打包带走啦！

食材

酸奶 150 克　　　　　新鲜水果适量
即食原味燕麦片 60 克　坚果适量
牛奶 60 克　　　　　　蜂蜜或枫糖浆适量
奇亚子 5 克

做法

❶ 即食原味燕麦片中倒入牛奶和酸奶搅拌均匀。

❷ 加入奇亚子搅拌均匀制成燕麦粥，并密封冷藏一晚。

❸ 冷藏好的燕麦粥搅拌一下，稍微回温一下更好。

❹ 在粥上面装饰坚果和新鲜水果，再根据自己的喜好添加蜂蜜或者枫糖浆即可。

荷兰宝贝松饼

做烘焙美食的时候，最享受的就是看着烤箱里的食物慢慢变化，这款荷兰宝贝松饼就是非常大的幸福来源之一！你可以看着整个饼体慢慢膨胀、变得金黄、散发出诱人的香气。并且只需要把饼体稍微减糖，顶部食材换成培根、肉松、火腿等咸味的食材，就是另一种咸味的荷兰宝贝松饼啦！喜欢新鲜感的你，不妨试一试，记得表面的食材多放一些会更美味哦。

做法

❶ 铸铁锅或小烤盘、烤碗中放入黄油，然后放入预热到210℃的烤箱中烤5分钟。

❷ 将鸡蛋、低筋面粉、白糖和牛奶混合搅打均匀成无颗粒的面糊。

❸ 从烤箱中拿出铸铁锅，将黄油晃匀。

❹ 倒入刚才搅拌好的面糊。

❺ 继续放入210℃的烤箱中烤制15~18分钟到表面上色且明显膨胀。

❻ 出炉装饰新鲜水果，再淋上炼乳、巧克力酱或者糖粉即可食用。

食材

牛奶65克	白糖20克
低筋面粉25克	新鲜水果适量
鸡蛋1个	炼乳、巧克力酱或者糖粉适量
黄油15克	

鲜果法式吐司

浸泡过蛋奶液的吐司在烤制或者煎制的时候鼓起诱人的弧度，满屋都是黄油的香气，让人在清晨的微光里感受到满满的幸福。选用厚切的吐司片做成法式吐司，外面酥脆金黄，里面超级软嫩富有弹性，一起用治愈系美味来做早餐吧。

食材

5 厘米厚吐司 1 块
鸡蛋 1 个
牛奶 180 克
黄油 25 克

细砂糖 20 克
新鲜水果适量
炼乳或枫糖浆适量

做法

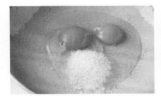

❶ 鸡蛋打入碗中，加细砂糖搅打均匀。

❷ 加入牛奶搅拌均匀。

❸ 把吐司浸泡在蛋奶液中，让其整体充分吸收蛋奶液。

❹ 提前一晚浸泡会吸收更充分，口感也会更好。

❺ 在平底锅中用小火加热黄油。

❻ 化开后放入浸泡好蛋奶液的吐司煎制。

❼ 煎到两面金黄熟透即可出锅，也可用预热到 185℃的烤箱烤制 18~20 分钟。

❽ 放上新鲜水果，再根据自己喜好淋上炼乳或者枫糖浆即可。

番茄意面

色彩鲜艳又香气浓郁的番茄意面是小朋友们的最爱，就连长大后的我也还是沉迷于这样的美味，经常在家里做。一次吃不完的肉酱，冷藏保存可以吃3天，当然也可以将做好的肉酱直接分成小份密封冷冻保存，吃之前加热解冻混合煮好的意面即可。

食材

番茄丁 400 克

牛肉末 125 克

洋葱末 100 克

意面 80 克

蒜末 30 克

橄榄油 5 克

月桂叶 2 片

黑胡椒碎适量

盐适量

帕玛森奶酪粉适量

做法

① 在有足量开水的锅中放入2克盐，然后加入意面煮熟。

② 煮熟的意面沥干水分，加入5克橄榄油拌匀备用。

③ 锅中放油，油热后炒香洋葱末和蒜末。

④ 加入牛肉末迅速炒散、炒至断生。

⑤ 加入番茄丁一起炖煮，炖煮过程中加盐、黑胡椒碎调味，也可以添加2片月桂叶一起炖煮增香。

⑥ 炖煮到酱汁浓稠即可浇在煮好的意面上，撒上适量帕玛森奶酪粉和黑胡椒碎就可以吃啦。

墨西哥鸡肉卷

柔软又有韧性的墨西哥薄饼里涂抹了清香多汁的墨西哥莎莎酱，与煎得恰到好处的鸡胸肉一起卷起来就是营养美味的墨西哥鸡肉卷啦，选用鸡小胸来制作口感会更嫩一些。可以把买来的墨西哥薄饼喷薄薄一层水，然后用平底锅稍稍加热，这样会更软一些。

食材

鸡胸肉 150 克
红彩椒丝 25 克
黄彩椒丝 25 克
柿子椒丝 25 克
洋葱丝 25 克
墨西哥薄饼 2 张
生菜叶 2 片

腌制鸡胸肉食材

生抽 15 克
蒜蓉 3 克
黑胡椒碎 1 克
孜然粉 1 克
盐少许
辣椒粉适量

墨西哥莎莎酱食材（混合拌匀即可）

番茄碎 50 克
洋葱末 20 克
香菜碎 10 克
柠檬汁 3 克
黑胡椒碎 1 克
蒜末 5 克
小米椒末 2 克
孜然粉少许
盐适量

做法

❶ 鸡胸肉切片，加入腌制食材腌制备用。

❷ 锅中放油，油热后加入腌制好的鸡胸肉片煎熟后盛出备用。

❸ 加入柿子椒丝、黄彩椒丝、红彩椒丝和洋葱丝翻炒至断生后盛出备用。

❹ 墨西哥薄饼表面喷薄薄一层水稍微热一下，然后涂抹适量墨西哥莎莎酱。

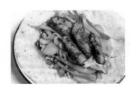
❺ 依次铺上生菜叶、柿子椒丝、黄彩椒丝、红彩椒丝、洋葱丝和鸡胸肉片，卷起来即可食用。这个配方可以做 2 个墨西哥鸡肉卷。

多汁牛肉汉堡

在我心里排第一的能量早餐一定是牛肉汉堡啦，奶酪和牛肉都是优质蛋白质的来源，不仅面包可以提前做好冷冻保存，多汁牛肉饼也可以生时直接冷冻，吃之前解冻煎制即可，这样的话，早餐牛肉汉堡也变成快手的美味啦！

肉饼食材

牛肉末 250 克	黑胡椒碎 1 克
洋葱末 60 克	黄油 15 克（煎肉饼用）
面包糠 50 克	蚝油 15 克
盐 2 克	生抽 10 克

汉堡食材

汉堡面包 3 个	酸黄瓜 2 根
生菜叶 3 片	沙拉酱适量
奶酪 3 片	番茄酱适量
番茄 3 片	

做法

❶ 肉饼食材除黄油外，全部混合顺时针搅拌到上劲。

❷ 均匀分成 3 个肉饼，压实一些备用。

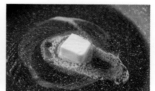
❸ 锅中放黄油，加热到化开。

❹ 放入肉饼用中火煎到两面稍稍焦香。

❺ 汉堡面包切开后涂抹沙拉酱和番茄酱。

❻ 铺上生菜叶和番茄。

❼ 铺好切片的酸黄瓜，这个尽量不要省略，在网上可以买到。

❽ 放上肉饼和奶酪，最后叠上另一半抹好酱的汉堡面包即可。这个配方可以做 3 个多汁牛肉汉堡。

在日本旅行的时候吃了很多好吃的三明治和小吃，每个都印象深刻，看韩剧的时候也经常被里面简单质朴的美味吸引，所以日韩风味的早餐也是我的爱，特别想来跟你一起分享。

芋泥肉松三明治

第一次吃这个三明治是在日本旅行的时候，喜欢芋头的我吃了一次就念念不忘，这个其实自己做也非常简单，但是记得用荔浦芋头哦，这样整体的香气和味道才最完美。

食材

荔浦芋头 300 克

淡奶油 60 克

细砂糖 30 克

肉松 40 克

吐司 4 片

做法

❶ 荔浦芋头蒸熟、蒸软。

❷ 趁热混合淡奶油和细砂糖搅拌均匀并碾压成芋头泥备用。

❸ 在一片吐司上涂抹一半芋头泥。

❹ 然后铺上一半肉松。

❺ 最后压上另一片吐司即可。这个配方可以做 2 个芋泥肉松三明治。

紫米奶香三明治

紫米有着独特的宜人香气和诱人的颜色，炼乳的添加让三明治的紫米馅儿料更多了一份浓郁的奶香，这是一款冷吃热吃都很好吃的三明治，你也可以试试哦！

食材

紫米 60 克
炼乳 30 克
吐司 4 片

做法

❶ 紫米洗净后加入没过米 1 厘米的水，把米蒸熟。

❷ 趁热将蒸熟的紫米混合炼乳搅拌均匀备用。

❸ 在一片吐司上涂抹搅拌均匀的紫米，然后盖上另一片吐司。

❹ 可以选择用三明治机压制，也可以直接吃，都很软糯美味。
这个配方可以做 2 个紫米奶香三明治。

日式炸猪排三明治

日式炸猪排有着香脆的外皮和鲜嫩多汁的肉质，搭配咖喱和拉面很常见，和圆白菜细丝以及沙拉酱一起夹在三明治里更是绝佳的美味体验，记得猪排要选厚一些的，并且在捶打的过程中一定不要偷懒哦！

食材

厚切无骨猪排 2 块（每块约 125 克）
圆白菜细丝 80 克
沙拉酱 50 克
吐司 4 片
番茄片 2 片

腌制猪排食材

盐少许
黑胡椒碎适量

猪排裹粉食材

玉米淀粉适量
面包糠适量
鸡蛋 1 个

做法

❶ 猪排用肉锤捶松，然后加盐和黑胡椒碎腌制备用。

❷ 腌好的猪排正反面裹一层玉米淀粉。

❸ 再裹一层打散的鸡蛋液。

❹ 最后裹上面包糠备用。

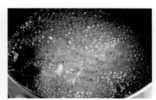

❺ 锅中烧热足量的油（放入筷子会冒气泡表明油温已到），挨个放入猪排中火炸制。

❻ 猪排炸好后盛出备用，可以用厨房纸吸一下油。

❼ 4 片吐司均单面涂抹沙拉酱。

❽ 取一片吐司，抹酱面朝上，放上圆白菜细丝。

❾ 放上炸猪排和番茄片，盖上另一片吐司，也可借助保鲜膜操作。这个配方可以做 2 个日式炸猪排三明治。

韩式泡菜煎猪里脊三明治

韩式泡菜和煎猪里脊也是很棒的搭配之一。腌制过的猪里脊在煎的时候已经满屋飘香，泡菜的清爽口感也让三明治不会腻口。如果时间紧张，猪里脊可以提前一晚腌制，密封冷藏保存备用。

食材

猪里脊薄片 120 克
韩式泡菜 100 克
吐司 4 片
生菜叶 2 片
奶酪 2 片
煎鸡蛋 2 个

腌制猪里脊食材

洋葱丝 60 克
生抽 15 克
老抽 3 克
淀粉 3 克
盐 1 克

做法

❶ 猪里脊薄片混合腌制食材搅拌均匀，冷藏腌制 15 分钟备用。

❷ 锅中放油，油热后加入腌好的猪里脊薄片和洋葱丝一起煎熟后盛出备用。

❸ 吐司上覆盖一片奶酪。

❹ 依次铺上韩式泡菜和煎鸡蛋。

❺ 再铺上煎猪里脊薄片和生菜叶，盖上第二片吐司即可，也可借助保鲜膜操作。这个配方可以做 2 个韩式泡菜煎猪里脊三明治。

日式红豆年糕汤

在日剧里第一次看见烤年糕和红豆汤的搭配，就被这样温暖治愈的组合深深吸引了，烤制到外皮香脆内心依旧软糯的年糕，浸泡在香甜的红豆汤里，捧在手心里的时候也就定格了柔软美好的时光。

食材

日式年糕 2 块　　　红豆 300 克　　　冰糖 45 克

做法

1. 高压锅中放入洗净的红豆、900 克水和冰糖。

2. 使用豆类程序焖煮大约 25 分钟。也可以用普通锅煮，但是时间会长一些，煮到豆子开花汤汁浓稠即可，注意防止水量不够，及时补充。

3. 日式年糕放入不粘锅中无油煎制或者用烤箱 200℃烤制 5~8 分钟到两面金黄鼓起来的状态，取出放入盛好红豆汤的碗中即可，被汤汁浸泡过的烤年糕软嫩又筋道。

金枪鱼藜麦饭团

这是一款超级简单的快手早餐，也是小朋友们都爱吃的饭团。藜麦的添加，丰富了饭团口感的同时，也让它营养更加丰富。如果喜欢海苔碎的话可以多加一些哦。

食材

熟米饭 250 克
罐头金枪鱼肉 100 克
煮熟的三色藜麦 50 克
熟白芝麻 30 克
鸡蛋 1 个
沙拉酱 15 克
白醋 5 克
生抽 5 克
海苔碎适量

做法

❶ 锅中放油，油热后倒入打散的鸡蛋液煎到蛋皮两面金黄后盛出切碎备用。

❷ 熟米饭中加入煮熟的三色藜麦搅拌均匀。

❸ 加入白醋、生抽、沙拉酱、熟白芝麻搅拌均匀。

❹ 加入海苔碎、罐头金枪鱼肉搅拌均匀。

❺ 把混合均匀的饭类均分成 8 份，捏成圆形饭团即可，也可以借助保鲜膜操作。

133

海苔鲜虾免捏饭团

海苔和虾仁的香气总会让人心旷神怡，不用费力去捏的饭团也是对新手很友好的美味，只需要准备好保鲜膜就可以轻松包起来的饭团，你也可以试试啦！记得最后在顶部盖上薄薄一层米饭并从对角线包，会更容易操作一些。

食材

热米饭 250 克	生菜叶 2 片
虾仁 50 克	大张寿司海苔 2 张
黄瓜薄片 46 片	鸡蛋 2 个
火腿薄片 4 片	寿司醋 30 克
番茄薄片 2 片	沙拉酱适量

做法

❶ 锅中放油，将鸡蛋煎熟备用。

❷ 虾仁同样煎熟备用。

❸ 取一片海苔放在保鲜膜上，热米饭加入寿司醋拌匀，然后均匀按压在海苔上，四边不要放米饭，并预留一些米饭最后黏合用。

❹ 米饭上涂抹沙拉酱、盖上小片生菜叶和番茄薄片，压实。

❺ 放上虾仁和黄瓜薄片，也压实。

❻ 最后分别放上火腿薄片和煎蛋，然后盖上之前预留的米饭，借助保鲜膜从 2 个对角线对折并包紧实，静置5 分钟即可。这个配方可以做 2 个海苔鲜虾免捏饭团。

韩式泡菜海鲜饼

这是我去韩式料理店必点的一道小吃，有面粉、有鸡蛋、有海鲜和蔬菜的泡菜饼，不仅好吃，营养也丰富全面，制作快捷方便的它在早餐的时候搭配一碗热乎乎的暖汤，再合适不过。

食材

韩式泡菜 200 克

面粉 90 克

洋葱丝 60 克

虾仁 50 克

鱿鱼圈 50 克

柿子椒丝 30 克

红彩椒丝 30 克

韭菜段 30 克

鸡蛋 2 个

盐 1 克

做法

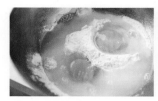

❶ 面粉混合鸡蛋、80 克水、盐搅拌成面糊。

❷ 加入韩式泡菜搅拌均匀。

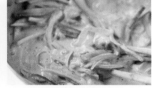

❸ 加入柿子椒丝、红彩椒丝、洋葱丝和韭菜段，搅拌成面糊备用。

❹ 平底锅中放油，油热后倒入全部面糊，迅速摊平成饼。

❺ 然后趁上层未凝结时撒上虾仁和鱿鱼圈，等底部凝结后翻面，并边压边正反面煎制到熟透、表面出现脆皮即可。

大阪烧

大阪烧是一种日式蔬菜煎饼，为日本关西的一种民间美食，很常见也很受欢迎。爽脆的圆白菜碎和会跳舞的柴鱼花，让整个大阪烧有非常丰富的味觉体验，海鲜的加入也让它的营养更加丰富，趁热吃更美味哦。这个配方可以做一个大的大阪烧，也可以做2~3 个小的大阪烧。

食材

圆白菜碎 200 克
山药泥 100 克
面粉 85 克
培根 3 片
虾仁块 60 克
小葱葱花 20 克
柴鱼花 5 克
鸡蛋 2 个
盐 1 克
沙拉酱适量
大阪烧酱适量

做法

❶ 面粉混合 70 克水、盐、鸡蛋搅拌均匀，再加入山药泥搅拌均匀。

❷ 加入圆白菜碎、虾仁块、小葱葱花以及 1 克柴鱼花搅拌均匀（柴鱼花可代替高汤）。

❸ 锅中放油，油热后放入切成小片的培根，用中火煎出培根的香气和油脂。

❹ 一次性倒入全部面糊，摊平。

❺ 等底面凝固后翻面，煎到两面金黄即可出锅。

❻ 出锅后先涂抹一层大阪烧酱（可用照烧汁代替），然后挤上沙拉酱，撒上柴鱼花即可。

日式炒乌冬

简简单单的炒乌冬因为添加了柴鱼花和海苔丝，浓郁宜人的香气可以让整个早晨都更有活力，如果你也喜欢味噌汤，那就做热乎乎的汤来搭配这个炒乌冬吧。

食材

乌冬面 200 克
圆白菜片 150 克
香菇片 80 克
猪肉薄片 60 克
洋葱丝 50 克
胡萝卜丝 50 克
酱油 20 克
盐适量
海苔丝适量
柴鱼花适量

做法

❶ 锅中放油，油热后加入猪肉薄片翻炒至断生后盛出备用。

❷ 用剩下的油继续烧热炒香洋葱丝。

❸ 加入胡萝卜丝翻炒至断生。

❹ 加入香菇片和圆白菜片翻炒至断生。

❺ 加入酱油和煮熟的乌冬面翻炒，加盐调味。

❻ 出锅摆盘撒海苔丝和柴鱼花即可。

咖喱鸡肉乌冬面

煮一锅热乎乎的咖喱，在天冷的时候是很温暖又治愈的事情。在冒着泡泡浓厚香醇的咖喱汤汁中煮筋道爽滑的乌冬面，也是我最爱的治愈系美味，你是不是也一样喜欢呢？

食材

鸡腿 1 个
乌冬面 200 克
土豆块 100 克
胡萝卜块 60 克
咖喱块 60 克
洋葱片 50 克
小葱葱花 10 克

做法

❶ 锅中放油，油热后加入洋葱片炒香。

❷ 加入土豆块和胡萝卜块翻炒至断生。

❸ 加入去骨切块的鸡腿肉翻炒至断生。

❹ 加入 800 克水炖煮到土豆块、胡萝卜块软烂。

❺ 加入咖喱块边煮边搅拌到化开、汤汁浓厚。

❻ 加入乌冬面煮熟，撒小葱葱花即可出锅。

风情东南亚早餐

东南亚的美食总是味觉体验丰富又有满满的热带风情，爽滑的米粉搭配卤得恰到好处的牛肉，散发椰香的汤汁混合鱼丸鲜虾的鲜美气息……每一种东南亚的美味都会给人带来不一样的体验。满满东南亚风情的早餐新篇章等你来开启。

青木瓜鲜虾沙拉

第一次吃青木瓜沙拉就被它爽脆的口感和清香的气息吸引，鲜嫩虾仁的添加让它的营养也更加全面，搭配微辣酸甜的酱汁，特别适合炎热的夏天。如果家里没有椰糖（棕榈糖），可以用普通白砂糖或蜂蜜代替。

食材

青木瓜细丝 200 克
豇豆 100 克
熟花生仁 20 个
圣女果 10 个
虾仁 10 个
蒜末 10 克
小米椒 3 个
青柠檬 2 角
椰糖（棕榈糖）15 克
鱼露 10 克
盐适量
香菜碎适量

做法

① 小米椒切碎，加蒜末、熟花生仁充分混合并捣碎。

② 挤入柠檬汁，倒鱼露，加入椰糖（棕榈糖），搅拌均匀即成酱汁。

③ 虾仁和豇豆焯水后捞出，豇豆切段备用。

④ 青木瓜丝混合焯好的虾仁、豇豆段以及对半切开的圣女果，撒香菜碎，浇上酱汁拌匀，加适量盐调味。

热带风味牛肉沙拉

一道酸甜又鲜辣的很适合夏天的沙拉，牛油果的添加让整个沙拉营养更丰富的同时，口感也多了一层顺滑绵密。配上面包和夏日风情满满的水果或者一杯简单的咖啡，就是很棒的早餐搭配啦。

煎牛排食材

牛排 1 块
黑胡椒碎适量
盐适量

沙拉蔬菜食材

洋葱丝 60 克
樱桃萝卜薄片 60 克
罗勒叶 2~3 片
生菜叶 2 片
熟透牛油果半个
圣女果适量
盐适量

沙拉汁食材

香菜碎 20 克
小葱葱白末 20 克
小米椒末 5 克
青柠檬 1 个
泰式甜辣酱 10 克
鱼露 10 克
白糖 10 克

做法

❶ 牛排充分解冻后，正反面均撒适量盐和黑胡椒碎腌制备用。

❷ 锅中放油烧热，将牛排煎到自己喜欢的熟度，切片备用。

❸ 沙拉汁食材充分混合成沙拉汁备用，其中青柠檬切 2~3 片薄片摆盘，其余榨汁混合在沙拉汁中。

❹ 牛油果切片、圣女果对半切开、生菜叶撕成小片、混合洋葱丝、樱桃萝卜薄片和罗勒叶放入碗中。

❺ 倒入调制好的沙拉汁拌匀，可以根据个人口味添加少许盐调味。

新加坡肉骨茶

肉骨茶是东南亚很出名的美味，在当地卖肉骨茶的店总是熙熙攘攘的。用各种滋补食材炖煮出来的肉骨茶汤汁香浓鲜美，炖得软烂可以轻松脱骨的肋排配上微辣的酱油也就更显得鲜甜。热乎乎的汤汁搭配香脆的油条或者米饭都很棒。

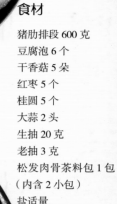

食材

猪肋排段 600 克
豆腐泡 6 个
干香菇 5 朵
红枣 5 个
桂圆 5 个
大蒜 2 头
生抽 20 克
老抽 3 克
松发肉骨茶料包 1 包
（内含 2 小包）
盐适量

做法

❶ 猪肋排段用清水充分浸泡并洗净备用。

❷ 肉骨茶料包建议选择松发牌的，口感更好，1 包里面有 2 小包，可以一次用完。自己在家做建议使用现成的料包，这样更正宗一些。

❸ 洗净的猪肋排段焯水后冲洗干净备用。

❹ 大蒜建议整头使用，剥去外层容易掉落的皮冲洗干净即可。

❺ 锅中放入猪肋排段、肉骨茶料包、生抽、老抽、泡发香菇、红枣、桂圆和 2000 克水一起炖煮 90 分钟左右，到肉软烂轻松脱骨即可，吃之前可以加入切半的豆腐泡一起炖煮。如果口味稍重，也可以再加适量盐调味。

越南风味三明治

在越南很常见的就是这种夹了满满馅儿料的三明治，越南法棍面包外脆内软，如果越南法棍面包不好买，用法棍切段也行。家禽肝脏酱的添加是当地的特色，如果不好买可以用鹅肝酱代替，浅浅腌渍的萝卜丝泡菜是点睛之笔，时间紧张的话可以用现成的火腿片代替煎制的鸡肉。

食材

越南法棍面包 2 个
鸡腿 2 个（也可用火腿片代替）
白萝卜丝 50 克
胡萝卜丝 50 克
黄瓜片 8 片
圣女果 6 个
香菜碎 15 克
鸡肝酱（或鹅肝酱）适量
沙拉酱适量
是拉差甜辣酱适量

腌制萝卜丝食材

白醋 10 克
白糖 10 克
蒜末 5 克
小米椒末 5 克
盐适量

腌制鸡肉食材

生抽 10 克
蜂蜜 10 克
老抽 5 克
黑胡椒碎适量
盐一小撮

做法

❶ 白萝卜丝和胡萝卜丝混合腌制萝卜丝食材腌制备用。

❷ 鸡腿去骨切丁加入腌制鸡肉用料腌制备用。

❸ 锅中放油，油热后把腌制好的鸡肉煎熟备用。

❹ 越南法棍面包对半切开，在两个切面上分别涂抹鸡肝酱（或鹅肝酱）和沙拉酱，也可以再涂抹一些经典的是拉差甜辣酱，更美味。

❺ 然后铺上黄瓜片和腌萝卜丝。

❻ 放上煎好的鸡肉（或者直接用火腿片代替）。

❼ 最后夹入对半切开的圣女果，撒香菜碎就可以啦！这个配方可以做 2 个越南风味三明治。

注：越南人吃汤河粉的时候喜欢
用滚烫的汤烫熟切得超薄的牛肉
片一起吃，你也可以试试哦。

越南牛肉汤河粉

这是我最喜欢的越南美食，在越南，卖越南粉的摊位大多都是前一天晚上炖上一夜的汤，第二天早上卖的，所以提前一晚熬汤是最好的选择，第二天早上只需要煮粉就好。牛腱子肉炖1.5~2小时就可以取出来，炖太烂了就不好吃了，也切不成片了。

汤汁食材

牛棒骨 500 克
牛腱子 500 克
洋葱 1 个
姜 1 块
八角 2 个
桂皮 1 小段
小茴香 5 克
草果 1 个
丁香 2 粒
黑胡椒碎 3 克
鱼露 48 克
冰糖 30 克

食材

泡发的越南干河粉 180 克
绿豆芽 50 克
手打牛肉丸适量
青柠檬 1 角
罗勒叶适量
白洋葱丝适量
小葱葱花适量
香菜碎适量
小米椒段适量

做法

❶ 牛腱子和牛棒骨冷水下锅煮开，等浮沫都析出后，捞出洗净。

❷ 洋葱切块和姜块放入预热到 200℃ 的烤箱中烤至表面出现焦色。

❸ 将八角、桂皮、小茴香、草果、丁香和黑胡椒碎一起炒熟后捣碎，与烤制好的洋葱块和姜块一起放入纱布袋中。

❹ 重新在锅里加入 3500 克水，放入鱼露和冰糖，再放入洗净的牛腱子和牛骨头以及香料袋（也可加牛筋、牛百叶同煮）。

❺ 中火炖煮 5 小时左右汤汁即成，再加入手打牛肉丸煮熟。

❻ 泡发的越南干河粉煮熟后过冷水，然后捞出装碗。

❼ 放上切片的牛腱子、切半的手打牛肉丸和绿豆芽等配料，浇上滚烫的汤汁，然后根据个人喜好挤青柠檬汁、添加罗勒叶、白洋葱丝、小葱葱花、香菜碎和小米椒段即可。

南洋风味叻沙

微微辣充满椰香的汤粉在新加坡和马来西亚地区是很受欢迎的美味，红艳诱人的汤汁浸泡着弹滑的米粉，切半的豆腐泡吸满了浓厚的汤汁，鲜美的大虾和筋道的鱼丸让整碗粉的口感进一步升华。

食材

泡发好的粗米粉 200 克
椰浆 75 克
绿豆芽 50 克
小葱葱花 20 克
鲜虾 5 只
鱼丸 5 个

豆腐泡 3 个
水煮鸡蛋 1 个
叻沙酱 75 克
鱼露 15 克
盐适量

做法

❶ 泡发好的粗米粉放入有足量开水的锅中煮熟。

❷ 捞出米粉，盛入碗中，加入对半切开的水煮鸡蛋和焯好水的绿豆芽。

❸ 锅中放油，油热后煎虾，煎制过程中可以挤压虾头让油脂充分析出，煎熟后盛出摆入碗中。

❹ 锅中剩下的油加入叻沙酱炒香。

❺ 然后倒入椰浆、鱼露和600 克水煮开，加适量盐调味。

❻ 加入鱼丸和切开的豆腐泡煮熟。

❼ 然后趁热将煮开的叻沙汤浇在碗中的米粉上，再撒上小葱葱花就好啦。

星洲炒米粉

配料丰富又家常的星洲炒米粉是新加坡很
有名的美食，也风靡了整个亚洲。米粉柔韧
有弹性，虾仁鲜嫩筋道，叉烧肉丁和咖喱粉
的加入让味觉体验更丰富了一些，建议用筷
子代替铲子来翻炒，米粉更不容易断。

食材

泡发好的细米粉 160 克	胡萝卜丝 30 克	蚝油 15 克
叉烧肉丁 60 克	虾仁 8~10 个	生抽 15 克
洋葱丝 60 克	鸡蛋 1 个	咖喱粉 2 克
红彩椒丝 50 克	小葱段 30 克	盐适量
柿子椒丝 50 克		
绿豆芽 50 克		
韭黄段 50 克		

做法

1. 锅中放油烧热后，倒入打散的鸡蛋炒到凝固，再炒散盛出
   备用，虾仁煎熟后盛出备用。

2. 锅中再放油，油热后炒香洋葱丝。

3. 加入叉烧肉丁、胡萝卜丝、小葱段、韭黄段、柿子椒丝、
   红彩椒丝和绿豆芽炒至断生。

4. 加入泡发好的细米粉，混合咖喱粉、蚝油和生抽一起翻炒。

5. 加入鸡蛋碎一起翻炒并加适量盐调味，最后倒入小半碗水
   稍微焖煮即可出锅。

印尼炒饭

加入桑巴酱、沙茶酱和甜酱油的印尼炒饭，味道浓郁，色泽鲜艳，与炸到香脆的虾片和刚烤好的沙茶牛肉串是标配。这道菜的食材在网上都可以买到，有了它们，你也可以轻松还原异域的美味。

食材

隔夜米饭 250 克	煎鸡蛋 1 个	胡萝卜丁 50 克	沙茶酱 10 克
虾仁 10 个	洋葱末 60 克	甜酱油 15 克	盐适量
鸡腿 1 个	豌豆 50 克	桑巴酱 10 克	白糖适量

做法

1. 锅中放油，油热后炒香洋葱末。
2. 加入豌豆、胡萝卜丁翻炒至断生。
3. 鸡腿去骨切丁，和虾仁一起翻炒至断生。
4. 加入隔夜米饭、沙茶酱、桑巴酱以及甜酱油翻炒均匀，加适量盐、白糖调味，再放上煎鸡蛋即可出锅。

咖喱海鲜炒饭

咖喱是东南亚美食出名的元素，和海鲜等食材搭配非常鲜美，做成富含优质蛋白质和维生素的炒饭，也是很有热带风情的早餐。如果使用咖喱块，记得先把它切成末再一起炒制哦。

食材

隔夜米饭 250 克

虾仁 100 克

鱿鱼圈 80 克

洋葱末 60 克

柿子椒末 50 克

红彩椒末 50 克

咖喱块或者咖喱酱 45 克

料酒 15 克

姜 2 片

黄柠檬 2 角

香菜碎适量

小米椒末适量

盐适量

做法

❶ 鱿鱼圈和虾仁加入料酒和姜，腌制备用。

❷ 锅中放油，油热后加入腌制好的鱿鱼圈和虾仁炒熟后盛出备用。

❸ 锅中再放油，油热后炒香洋葱末。

❹ 加入柿子椒末、红彩椒末翻炒至断生。

❺ 加入隔夜米饭和咖喱块或咖喱酱迅速炒散、炒均匀。

❻ 加入鱿鱼圈、虾仁翻炒均匀。

❼ 出锅前加适量盐调味，再撒上香菜碎、小米椒末，摆上黄柠檬即可。

下篇

四季爱的
早餐

春

莓果、格兰诺拉麦片、酸奶、煎蛋、煎香肠

春天是莓果最香甜多汁的季节，各种色彩缤纷的莓果是酸奶的好伴侣，富含坚果的格兰诺拉麦片让整个早餐营养更加全面。美味的早餐带你开启元气十足的一天。

食材

酸奶 200 克	鸡蛋 1 个	圣女果 80 克
草莓、蓝莓各适量	香肠 2 根	黑胡椒碎适量
格兰诺拉麦片 40 克	生菜叶 3 片	沙拉汁适量

做法

❶ 酸奶中倒入格兰诺拉麦片（做法见 117 页）和草莓、蓝莓等新鲜水果。

❷ 用刀在香肠上斜切，然后用少许油煎熟。

❸ 鸡蛋同样用少许油煎熟，并撒适量黑胡椒碎调味。

❹ 生菜叶洗净撕碎、圣女果洗净后对半切开，摆盘淋上适量的沙拉汁即可。

鲜肉春笋烧卖、南瓜糯米糊、杏仁牛奶

在江南暖意渐起的春天里，最让人迷恋的还是那一口春笋的鲜美味道。切碎的春笋混合在多汁的肉馅儿中包成馄饨，就是南方的春天里最美味的早餐了。南瓜糯米糊清甜绵密，杏仁牛奶香浓顺滑，相信你也会喜欢这样的早餐时光。

鲜肉春笋烧卖食材

鲜肉春笋烧卖 6~8 个

做法

鲜肉春笋烧卖（做法见 67 页）放蒸锅里大火蒸 10 分钟，关火，再闷 3 分钟即可。

南瓜糯米糊食材

南瓜 200 克　　牛奶 120 克　　糯米粉 10 克　　白糖适量

做法

南瓜去皮去子煮熟捞出，混合牛奶、糯米粉、白糖用破壁机搅打细腻，再次煮开即可。

杏仁牛奶食材

牛奶 150 克　　原味炒熟大杏仁 30 克　　白糖适量

做法

原味炒熟大杏仁混合牛奶用破壁机搅打到细腻顺滑，用滤网过滤掉渣滓，再加适量白糖搅拌均匀即可。

韭菜鸡蛋饼、虾肉小馄饨、嫩炒青菜

一把翠绿的韭菜，在春日里是很受喜爱的鲜美食材，加入鸡蛋饼中煎到金黄，便更诱人了几分，搭配一碗热乎乎的虾仁小馄饨和一盘鲜嫩的炒青菜，一顿落胃的早餐便这样完成了。

韭菜鸡蛋饼食材

鸡蛋 2 个	韭菜末 50 克	小葱葱花 25 克
面粉 80 克	火腿肠末 40 克	盐 1 克

做法

❶ 鸡蛋打入面粉中，加 150 克水、盐搅拌均匀成细腻顺滑的面糊。

❷ 倒入小葱葱花、韭菜末和火腿肠末搅拌均匀。

❸ 平底锅中刷薄薄一层油，倒入面糊煎至两面熟透即可，这个配方可以做 2 张直径 20~22 厘米的韭菜鸡蛋饼。

虾肉小馄饨

食材及做法见 63 页。

嫩炒青菜食材

青菜 250 克	小葱段 5 克	盐少许
蒜片 10 克	生抽 10 克	

做法

❶ 锅中烧热油，炒香小葱段。

❷ 然后放入青菜炒熟。

❸ 加入蒜片、生抽和盐调味即可出锅。

韭菜盒子、韩式泡菜豆腐汤、坚果酸奶

同样是用春季应季的韭菜做的美味，煎得金黄酥脆的外皮裹着饱满的肉馅儿，鸡蛋弹嫩、少量肉末的添加让韭菜盒子更多了几分美味，吸满汤汁精华的粉丝则是点睛之笔，搭配同样开胃的一碗韩式泡菜豆腐汤、一碗坚果酸奶，也是极好的早餐选择。

韭菜盒子饼皮食材

面粉 250 克　　　盐 2 克

馅儿料食材

韭菜末 180 克	小海米 10 克	生抽 15 克
泡发粉丝 120 克	鸡蛋 2 个	盐 2 克
肉末 80 克	蚝油 15 克	白糖适量

做法

❶ 饼皮食材加 160 克水混合揉成光滑面团，包裹保鲜膜醒 20 分钟。

❷ 将醒好的面团均匀分成 6 份备用。

❸ 锅中放油烧热，加入打碎的鸡蛋液翻炒稍碎盛出备用。

❹ 所有馅儿料食材混合搅拌均匀。

❺ 把面团擀成饼皮，包入馅儿料，对折成半圆形，沿弧形边缘捏紧收口，制成饼坯。

❻ 将饼坯放入加入油的锅中，中小火煎熟即可。这个配方可以做 6 个韭菜盒子。

韩式泡菜豆腐汤食材

韩式泡菜 180 克	肥牛片 50 克	蒜片 10 克
嫩豆腐 150 克	金针菇 50 克	韩式辣酱 30 克
洋葱丝 60 克	小葱葱花 20 克	盐适量

做法

❶ 锅中放油烧热，炒香洋葱丝和韩式泡菜。

❷ 加入 800 克水、韩式辣酱和蒜片煮开并加盐调味。

❸ 加入切块的嫩豆腐、肥牛片、金针菇煮熟，出锅撒小葱葱花即可。

坚果酸奶食材（混合即可食用）

酸奶 200 克　　　坚果适量　　　即食原味燕麦片适量

5

PART

夏

椰香紫米水果粥、热带风味牛肉沙拉、面包

入夏后，天气也就慢慢炎热了起来，清爽又开胃的食物才能让胃口变得更好一些。用椰浆浸泡得饱满香糯的紫米和水果，充满清爽的气息，热带风味牛肉沙拉富含优质蛋白质的同时也鲜爽可口，是炎热夏天早餐的最佳搭配。

椰香紫米水果粥食材

椰浆 250 克　　　　　芒果丁 100 克　　　　猕猴桃丁 100 克　　　细砂糖 15 克
火龙果丁 100 克　　　菠萝丁 100 克　　　　紫米 50 克

做法

❶ 紫米洗干净后放入碗中，加入没过紫米 1 厘米的水，蒸熟（可以提前一晚蒸熟冷藏保存）。

❷ 蒸熟的紫米混合细砂糖搅拌均匀并捏成 2 个球，放入碗中。

❸ 将火龙果丁、芒果丁、菠萝丁和猕猴桃丁一起放入碗中，淋上冷藏的椰浆即可。配面包一起食用也是很好的选择。

热带风味牛肉沙拉

食材及做法见 145 页。

百香果芒果酸奶碗、
热带风味意面沙拉

酸酸甜甜的百香果搭配绵密香甜的芒果和冰凉的酸奶做成的酸
奶碗，是我在夏天最喜欢的甜品了，营养满满又口感丰富。意
面沙拉加入酸甜微辣的酱汁，更是入味又筋道。在这个夏天，
缤纷鲜爽的早餐正确打开方式就在这里了。

百香果芒果酸奶碗食材

酸奶 250 克	猕猴桃片 100 克	百香果 1 个
木瓜片 100 克	芒果丁 100 克	蜂蜜适量

做法

将木瓜片、猕猴桃片、芒果丁一起放入酸奶中，将百香
果切开，果汁倒入酸奶中，再淋上蜂蜜即可。

热带风味意面沙拉食材

西蓝花 100 克	鸡胸肉 80 克	热带风味沙拉汁 1 份
螺旋意面 80 克	洋葱丝 50 克	黑胡椒碎适量
圣女果 80 克	柿子椒片 30 克	盐适量
樱桃萝卜薄片 80 克	红彩椒片 30 克	

做法

❶ 螺旋意面和西蓝花煮熟后捞出，沥干水备用。

❷ 鸡胸肉加盐和黑胡椒碎稍微腌制后，放入油锅中煎熟并切片。

❸ 圣女果对半切开、混合所有其他沙拉食材并加入热带风味沙
拉汁（食材及做法见 145 页）拌匀即可，如果口味稍重也可以
再添加适量盐调味。

青木瓜鲜虾沙拉、热带水果思慕雪

青木瓜是热带食物里很特别的一种食材，有着宜人的清香气息和丰富的膳食纤维，擦成细丝拌上爽口的酱汁就是低脂美味又有饱腹感的一餐，搭配冰凉顺滑的思慕雪，元气又营养的夏日早餐就可以享用了。

青木瓜鲜虾沙拉

食材及做法见 144 页。

热带水果思慕雪食材

酸奶 150 克	芒果丁 80 克	格兰诺拉麦片适量
香蕉 100 克	猕猴桃片 80 克	蜂蜜适量
芒果 100 克	葡萄柚 1 瓣	
火龙果片 80 克	青柠檬 1 角	

做法

❶ 香蕉和芒果提前剥皮冷冻备用，然后混合酸奶，放入破壁机中搅打到细腻顺滑（用冷冻的水果搅打出来的思慕雪更好喝）。

❷ 搅打好的思慕雪倒入碗中，铺上切好的水果和准备好的格兰诺拉麦片（食材及做法见 117 页），最后根据自己喜好挤一些柠檬汁或淋上一些蜂蜜。

越南风味三明治、椰青

烤到外皮香脆内心柔软的越南法棍面包，包裹着充满热带风情的爽脆萝卜丝泡菜，再塞进超令人满足的肉类，这样的越南风味三明治相信你也会喜欢。记得搭配充满夏天气息的冰镇椰青哦。

越南风味三明治

食材及做法见 147 页。

椰青

买市售的回家冷藏，喝的时候开口即可。

6 秋

桂花芋头红豆粥、鸡蛋煎饼、秋日水果沙拉

秋风渐起的时候，桂花香也就飘满了整个江南。香糯的芋头搭配红豆非常适合天气渐凉的日子，丝丝缕缕的热气和甜蜜如同秋日之光，带给你一整天的好心情。入秋了更不能忘记要多吃水果哦！

桂花芋头红豆粥食材

红豆 300 克　　芋头 150 克　　细砂糖 45 克　　干桂花 1 小把

做法

将洗净的红豆、800 克水和细砂糖混合后用高压锅煮到软烂，再加入去皮、切小块的芋头煮熟，盛出后撒干桂花即可。

鸡蛋煎饼

食材及做法见 85 页。

秋日水果沙拉食材

酸奶 50 克　　香蕉 1 根　　梨 1/4 个
沙拉酱 30 克　　脆柿半个　　坚果及果干适量
橘子 1 个　　苹果 1/4 个

做法

橘子剥皮掰好，苹果、香蕉和脆柿切片，梨去皮切块，摆盘后淋上酸奶和沙拉酱，再撒上坚果及果干即可。

桃胶银耳皂角米甜羹、午餐肉金枪鱼免捏饭团、核桃奶露

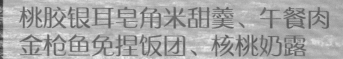

> 皂角米和银耳都是润燥滋补的好食材，也可以加入百合同煮，晶莹剔透的汤汁香甜浓滑。适量摄入坚果和牛奶，是秋日增强体质的好选择，顺滑香浓的核桃奶露就是这个时节的不二之选。

桃胶银耳皂角米甜羹

食材及做法见 43 页。

午餐肉金枪鱼免捏饭团食材

米饭 250 克	大张寿司海苔 2 张	生菜叶 2 片
罐头金枪鱼肉 60 克	午餐肉 2 片	煎鸡蛋 2 个

做法

❶ 案板上铺保鲜膜，放寿司海苔，在寿司海苔中间均匀铺上一层热米饭。

❷ 再依次放上午餐肉、煎鸡蛋，铺上罐头金枪鱼肉、生菜叶。

❸ 最后借助保鲜膜将其紧紧包成圆形饭团，压实定型 5 分钟，去掉保鲜膜就可以食用。这个配方可以做 2 个午餐肉金枪鱼免捏饭团。

核桃奶露食材

牛奶 250 克	去皮熟核桃仁 6 个	细砂糖适量

做法

熟核桃仁混合牛奶，用破壁机充分搅打顺滑，再加入适量细砂糖拌匀即可。

板栗鸡肉粥、香葱火腿花卷、润燥水果羹

秋天里的板栗也是这个时节我最喜爱的食材之一，口感绵密而自带清甜，与粥同煮既滋补又鲜美。搭配果香扑鼻的润燥水果羹，你的早餐餐桌也可以有满满的秋日气息。

板栗鸡肉粥食材

板栗仁 100 克　　大米 100 克　　鸡胸肉片 80 克　　小葱葱花 20 克　　干香菇 6 朵　　生抽 15 克　　盐适量

做法

① 干香菇提前用清水洗净后泡发，切片备用。

② 大米洗净后，加 800 克水放入电饭煲内胆中。

③ 再加入板栗仁、香菇片和鸡胸肉片以及生抽，开启煮粥程序即可。

④ 程序结束出锅前撒小葱葱花搅拌增香，根据个人口味，可以添加适量盐调味。

香葱火腿花卷

面团食材

面粉 500 克　　盐 2 克　　酵母粉 5 克

夹馅儿食材

小葱葱花 50 克　　火腿肠碎 40 克　　小苏打 1 克　　椒盐或盐适量

做法

① 酵母粉加 250 克水活化，然后混合其余面团食材揉成光滑面团。

② 将揉好的面团盖上湿布或保鲜膜进行一次发酵到 2 倍大小。

③ 将发酵好的面团均匀分成 2 份，分别擀开并排气，擀成稍薄的长方形面皮。

④ 在面皮上刷薄薄一层油，撒上适量椒盐或盐，再撒上小葱葱花和火腿肠碎，然后从长边方向进行四折折叠，两份面皮同样操作（在小葱葱花中混合 1 克小苏打，蒸制的时候可以保持绿色鲜艳一些）。

⑤ 将折叠好的 2 份面皮分别都切成 12 份左右的面团。

⑥ 将两个面团叠放，用筷子在中间压实，然后向下卷起捏紧收口即可。

⑦ 将做好的花卷坯放在温暖潮湿处二次发酵到 1.5 倍大小。

⑧ 冷水上锅蒸 15 分钟，关火后再焖 3~5 分钟即可出锅。

润燥水果羹食材

罐头黄桃 60 克　　雪梨丁 60 克　　冰糖 45 克　　红枣 5 个　　干桂花适量
苹果丁 60 克　　橘子瓣 60 克　　枸杞子 10 克　　水淀粉适量

做法

各色水果混合放入锅中，加入 700 克水和冰糖以及枸杞子、红枣炖煮到熟软，再加入水淀粉勾芡，出锅前撒干桂花增香即可。

血糯米桂花小圆子、
五谷时蔬卤蛋饭团、
秋日水果碗

血糯米有迷人的清香和滋补的功效，在秋天食用是不错的选择，熬得浓稠的粥加入软糯筋道的小圆子，就是很受欢迎的粥品了。每年中秋节前后南方产的新鲜鸡头米也有着很好的食补功效和口感，加进粥里就更多了一分营养美味。

血糯米桂花小圆子食材

| 血糯米 100 克 | 糯米小圆子 25 个 | 干桂花适量 |
| 冰糖 45 克 | 鸡头米适量 | |

做法

血糯米加 800 克水和冰糖混合煮粥，最后加入提前煮好的糯米小圆子和鸡头米，出锅撒干桂花增香即可。鸡头米是不易得的食材，如果没有也可以不加。

五谷时蔬卤蛋饭团食材

大米 75 克	肉松 40 克	生菜叶 2 片
糯米 75 克	萝卜干 30 克	沙拉酱 30 克
黄瓜丝 50 克	卤蛋 2 个	

做法

1. 大米和糯米混合洗净后，加入没过米 1 厘米的水，蒸熟。
2. 案板上铺保鲜膜，然后把蒸熟的米饭铺在上面，压实并涂抹沙拉酱。
3. 再依次放上生菜叶、萝卜干、黄瓜丝、肉松和卤蛋。
4. 最后借助保鲜膜将其紧紧包成圆形饭团，压实定型 5 分钟，去掉保鲜膜就可以食用。这个配方可以做 2 个五谷时蔬卤蛋饭团。

秋日水果碗食材（水果洗净切好摆盘即可）

| 橙子 1 个 | 猕猴桃 1 个 | 百香果 1 个 | 苹果半个 |

7
PART

冬

冬笋小馄饨、煎蛋葱油拌面、五谷米糊

不止春笋有着鲜美的口感，冬日里的冬笋也是餐桌上不可缺少的美味。一碗鲜香有嚼劲的煎蛋葱油拌面搭配冬笋小馄饨，在江南是最受欢迎的早餐搭配之一。融合了五谷杂粮的米糊，带来的更是质朴而醇厚的记忆中的味道。

冬笋小馄饨

食材及做法见63页，在馅儿料中添加50克冬笋末即可。

煎蛋葱油拌面

食材及做法见97页，最后加上1个煎鸡蛋即可。

五谷米糊食材

冰糖45克	薏米10克	黑芝麻10克
糯米15克	即食原味燕	去核红枣5个
黑米10克	麦片10克	

做法

米糊食材混合加750克水放入破壁机中，选择米糊程序即可，如果家里的破壁机没有加热功能，也可以先把食材混合放入碗中，加入没过食材1厘米的水，放入蒸锅中充分蒸熟，然后再混合开水一起搅打成米糊即可。

红枣桂圆小米粥、肉松糯米饭团、浅渍开胃菜

冬日的寒冷需要用滋补温热的食物来驱散，红枣和桂圆熬制出的小米粥既温补又香甜，搭配适量的主食和新鲜时蔬，就是营养均衡的一餐。如果觉得口淡，适合冬日低温腌制的浅渍开胃菜就是点睛之笔。

红枣桂圆小米粥食材

小米 100 克　　　冰糖 45 克　　　去皮桂圆 8 个　　　红枣 8 个

做法

红枣、去皮桂圆、小米、冰糖和 800 克水混合煮粥即可，也可以用部分红糖替代冰糖。

肉松糯米饭团食材

热糯米饭 200 克　　　萝卜干 30 克　　　火腿肠 2 根
肉松 40 克　　　榨菜末 20 克　　　油条 1 根

做法

① 案板上铺保鲜膜，然后把热糯米饭铺在上面，压实。

② 在热糯米饭上撒萝卜干和榨菜末，再铺上油条、火腿肠和肉松和油条。

③ 最后借助保鲜膜将其紧紧包成棍状饭团，压实定型 5 分钟，去掉保鲜膜就可以切段食用。这个配方可以做 2 份肉松糯米饭团。

浅渍开胃菜食材

白萝卜片 100 克　　　蒜末 5 克　　　生抽 20 克
黄瓜片 60 克　　　小米椒末 5 克　　　细砂糖 15 克
胡萝卜片 30 克　　　香醋 30 克　　　盐适量

做法

所有食材混合加 40 克纯净水，然后密封冷藏腌制即可，建议提前一晚制作。

白菜肉丝汤年糕、虾仁水蒸蛋、榛子奶露

冒着热气的白菜肉丝汤年糕是小时候就吃惯了的妈妈的味道，搭配简单快手、撒上小葱葱花淋上酱油和香油的水蒸蛋，这大概就是小时候的我最喜欢的冬日早餐搭配了。榛子奶露趁热喝香浓又顺滑，也是冬天里的小小温暖。

白菜肉丝汤年糕食材

白菜丝 200 克	小葱葱花 20 克	料酒 15 克
年糕片 160 克	淀粉 3 克	生抽 15 克
猪肉丝 80 克	姜 2 片	盐适量

做法

❶ 猪肉丝加入料酒、淀粉、姜、一半生抽和一半小葱葱花搅拌均匀腌制备用。

❷ 锅中放油，油热后翻炒猪肉丝至断生，然后盛出备用。

❸ 继续炒白菜丝至断生，然后加 750 克水煮开，再加入炒好的猪肉丝。

❹ 加入年糕片煮熟，出锅前加盐调味，撒剩余的小葱葱花增香。

虾仁水蒸蛋食材

虾仁 8 个	小葱葱花 5 克	香油 5 克
鸡蛋 2 个	蒸鱼豉油或生抽 15 克	盐适量

做法

将鸡蛋打入碗中，再加 280 克温水和适量盐搅拌均匀，过筛后再倒入碗中，用保鲜膜密封后放入蒸锅中大火蒸 8 分钟，然后拿出来摆上虾仁，继续密封蒸 3 分钟，出锅后淋蒸鱼豉油或生抽、香油并撒小葱葱花即可。

榛子奶露食材

牛奶 250 克	去皮熟榛子仁 30 克	细砂糖适量

做法

去皮熟榛子仁混合牛奶用破壁机搅打至细腻顺滑，再加适量细砂糖搅匀即可。

番茄肥牛浓汤面、白灼生菜、椰香米糊

一碗热气腾腾的番茄肥牛浓汤面，也是能给人带来幸福感的冬日之光，鲜嫩的肥牛片让汤汁浓郁的同时也含有丰富的优质蛋白质，记得在冬天里新鲜蔬菜和奶制品的摄入也是必不可少的哦！

番茄肥牛浓汤面食材

番茄丁 300 克	小葱葱花 20 克	盐适量
鲜面条 120 克	香菜碎 20 克	
肥牛片 80 克	生抽 15 克	

做法

❶ 锅中放油，油热后炒香小葱葱花，再加入番茄丁炒至出汁。

❷ 加 750 克水炖煮，并加入生抽和盐调味。

❸ 煮开后下肥牛片和鲜面条，煮熟后出锅，撒香菜碎即可食用。

白灼生菜食材

生菜 180 克	蒜片 10 克	蚝油 15 克	生抽 15 克

做法

❶ 生菜掰开，焯水后捞出沥干水，摆盘。

❷ 锅中放油，油热后炒香蒜片，然后加蚝油、生抽以及一小碗水煮到稍微浓稠后浇在焯好的生菜上即可。

椰香米糊食材

椰浆 100 克	牛奶 100 克	米饭 50 克	细砂糖适量

做法

将椰浆、牛奶、米饭放入破壁机中混合搅打均匀并添加适量的细砂糖即可，使用热的牛奶和椰浆搅打更适合冬日饮用。

可以自由搭配的快手小食集合

〔 冷饮 〕

渐渐热起来的夏日，早餐时候一杯清爽冰凉的冷饮也是一整天的活力来源。夏日的柠檬搭配热情酸甜的百香果、清爽的薄荷香气融入冰凉的气泡水中、丝丝茶香弥漫在水果的香甜气息里，每一口都是清晨里的元气之光。

香橙养乐多

食材

养乐多 320 克　　　冰块 10 块
新鲜橙汁 120 克　　蜂蜜适量
橙子 2 片

做法

❶ 新鲜橙汁混合养乐多搅拌均匀。

❷ 再加入冰块和适量蜂蜜搅拌均匀。

❸ 最后放上橙子片即可饮用。

百香果冰茶

食材

百香果 1 个　　　　冰块 10 块
茉莉花茶叶 3 克　　薄荷叶适量
黄柠檬 3 片　　　　细砂糖适量

做法

❶ 用 300 克开水冲泡茉莉花茶叶后滤出茶汤。

❷ 将百香果切好备用。

❸ 将百香果果汁、黄柠檬片、冰块加入茶汤中，搅拌均匀。

❹ 加适量细砂糖搅匀，再放上薄荷叶即可饮用（也可用蜂蜜替代细砂糖）。

香橙养乐多

草莓思慕雪

食材

酸奶 300 克
新鲜草莓 120 克

做法

❶ 将草莓洗净去蒂，放入冰箱冷冻备用。

❷ 将冷冻的草莓取几个切片备用，剩下的和冷藏的酸奶混合放入破壁机中搅打至细腻呈糊状，制成思慕雪。

❸ 先在杯壁内贴上草莓薄片，再倒入打好的思慕雪即可饮用。

鲜果苏打水

食材

苏打水 300 克	黄柠檬 3 片
草莓 3 个	西柚片 1 片
蓝莓 5 个	薄荷叶适量
黄瓜薄片 5 片	蜂蜜适量

做法

❶ 将草莓洗净、切块，蓝莓洗净。

❷ 将除蜂蜜外的所有食材混合装瓶，冷藏 15 分钟。

❸ 最后加入适量蜂蜜搅匀即可饮用。

柠檬冰红茶

食材

柠檬汁 5 克	冰块 10 块
红茶叶 3 克	细砂糖适量
黄柠檬 3 片	

做法

❶ 用 500 克开水冲泡红茶叶后滤出茶汤。

❷ 之后加入柠檬汁、黄柠檬片、冰块。

❸ 最后加适量细砂糖搅匀即可饮用。

百香果冰茶　　　　草莓思慕雪　　　　鲜果苏打水　　　　柠檬冰红茶

热饮

热饮是每一个冬日的早晨必不可少的小温暖，冒着热气又香甜的热可可，是冬日里最治愈的热饮；浓郁茶香与筋道的珍珠粉圆和宜人的黑糖香气的结合，就是一杯天冷时候不可缺少的热奶茶了。在寒冷的冬天里，你喜欢喝些什么呢？

奶香玉米汁

食材

甜玉米粒 100 克　　细砂糖适量
牛奶 100 克

做法

❶ 将甜玉米粒、牛奶和 200 克水放入豆浆机或者破壁机中，打开米糊程序。

❷ 完成后过筛滤去杂质保留汤汁，再加入细砂糖调味即可饮用。

治愈系棉花糖热可可

食材

牛奶 300 克　　可可粉适量
黑巧克力 30 克　　棉花糖适量

做法

❶ 牛奶烧热后加入黑巧克力搅拌均匀，小火烧开。

❷ 装杯后在顶部根据喜好加棉花糖、撒可可粉即可饮用。

奶香玉米汁

紫米奶露

食材

牛奶 300 克
紫米 60 克
细砂糖适量

做法

❶ 紫米蒸熟或焖熟，加适量
细砂糖拌匀，放入杯底。

❷ 牛奶烧开后加入细砂糖调
味，装杯即可饮用。

南瓜银耳露

食材

南瓜 150 克　　　冰糖或蜂蜜适量
银耳 1 小朵

做法

❶ 南瓜去皮去子蒸熟，银耳提前泡发备用。

❷ 蒸熟的南瓜混合银耳和 1000 克水放入破
壁机中，打开米糊程序，完成后加冰糖
或蜂蜜调味即可饮用。如果家里破壁机
没有加热功能，可以先将银耳煮熟后再
混合打碎。

黑糖奶茶

食材

牛奶 300 克
红茶叶 5 克
黑糖糖浆或者黑糖适量

做法

❶ 牛奶小火煮开后，加入红茶叶同
煮到奶茶颜色不再变深，期间不
断搅拌使之最大程度释放香气。

❷ 出锅过滤装杯，加黑糖调味即可
饮用，也可以根据自己的喜好添
加煮熟的珍珠粉圆。

治愈系棉花糖热可可

紫米奶露

南瓜银耳露

黑糖奶茶

〔 抹酱 〕

睡意蒙眬的早晨，如果没有太多时间做早餐，提前准备一些香气满满的水果酱或坚果酱直接抹在面包上，也是很好的早餐选择。用新鲜的水果熬煮出来的浓稠的果酱，每一瓶都让人充满期待，坚果酱的迷人香气也让人吃了就停不下来呢。一起熬一些存在冰箱里吧！

草莓果酱

食材

草莓 1000 克　　　　　柠檬汁 15 克
细砂糖 200~250 克

做法

❶ 草莓洗净、去蒂、沥干水，然后切大块加入细砂糖稍微腌制 0.5~1 小时备用。

❷ 将腌好的草莓块放入不粘锅中，中小火熬煮并不断搅拌防止煳底。

❸ 熬煮到浓稠以后加入柠檬汁，再熬煮到果酱呈浓稠状即可装瓶密封保存。

太妃焦糖酱

食材

细砂糖 100 克　　　　黄油 25 克
淡奶油 100 克　　　　盐少许

做法

❶ 细砂糖、盐混合 35 克水放入锅中，中小火熬煮到金黄色的焦糖样。

❷ 开小火加入黄油搅拌均匀，记得防止飞溅。

❸ 继续小火加入淡奶油搅拌均匀。

❹ 熬煮成浓稠酱的状态即可装瓶密封保存。

抹茶牛奶酱

食材

牛奶 295 克
淡奶油 150 克
细砂糖 110~120 克
五十铃牌或青岚牌抹茶粉 15 克

做法

❶ 用 75 克牛奶混合抹茶粉充分搅拌到均匀无颗粒状态。

❷ 不粘锅中倒入 220 克牛奶、细砂糖和淡奶油，小火熬煮并不断搅拌。

❸ 熬煮浓稠后加入抹茶奶液继续小火熬煮到浓稠酱的状态即可装瓶密封保存。

混合莓果果酱

食材

草莓 250 克
树莓 250 克
蓝莓 250 克
黑莓 250 克
细砂糖 200~250 克
柠檬汁 15 克

做法

❶ 草莓洗净、去蒂，树莓、蓝莓、黑莓洗净，沥干水备用。

❷ 草莓切大块混合其他莓果加入细砂糖稍微腌制 0.5~1 小时备用。

❸ 将腌好的莓果放入不粘锅中，中小火熬煮并不断搅拌防止煳底。

❹ 熬煮到浓稠以后加入柠檬汁再熬煮到果酱的浓稠状态即可装瓶密封保存。

海盐牛奶酱

食材

淡奶油 150 克　　奶粉 30 克

牛奶 75 克　　　细砂糖 20 克

做法

❶ 将所有食材混合搅拌均匀到无颗粒状态。

❷ 将其倒入不粘锅中，小火熬煮并不断搅拌，防止煳底。

❸ 熬煮到浓稠酱的状态即可装瓶密封保存。

草莓果酱

太妃焦糖酱

抹茶牛奶酱

混合莓果果酱

海盐牛奶酱

南洋咖椰酱

食材

细砂糖 275 克
椰浆 150 克
椰浆粉 20 克
班兰叶 5 根
鸡蛋 5 个

做法

❶ 班兰叶切短段，混合 150 克水一起放入料理机或破壁机中充分搅打，然后过滤，充分萃取汁液。

❷ 班兰叶汁液中加入椰浆、椰浆粉和细砂糖搅拌均匀。

❸ 再打入鸡蛋充分搅拌均匀。

❹ 将混合液倒入不粘锅中，全程必须用最小火熬煮，并不断搅拌防止结块。

❺ 熬煮到抹酱的状态即可装瓶密封保存。

夏日菠萝果酱

食材

菠萝肉 1000 克
细砂糖 200~250 克
柠檬汁 15 克

做法

❶ 菠萝肉用搅拌机或破壁机打碎，加入细砂糖腌制备用。

❷ 将腌制后的菠萝肉放入不粘锅中，中小火熬煮并不断搅拌。

❸ 熬煮到浓稠后加入柠檬汁，然后继续熬煮到果酱的状态即可装瓶密封保存。

热带芒果百香果果酱

食材

芒果 900 克　　　细砂糖 200~250 克
百香果汁（去子）100 克

做法

❶ 芒果去皮切丁后混合细砂糖腌制 0.5~1
　小时备用。

❷ 将腌制好的芒果丁放入不粘锅中，中小
　火熬煮并不断搅拌。

❸ 一直熬煮到浓稠，加入百香果汁，再次
　熬煮到果酱的状态即可装瓶密封保存。

榛子巧克力酱

食材

去皮熟榛子仁 400 克　　法芙娜可可粉 40 克

细砂糖 60~80 克　　熟玉米油 40 克

做法

❶ 将所有食材混合放入破壁机中充分搅打到细腻顺滑。

❷ 搅打好后即可装瓶密封保存。

菜谱索引

B

白菜肉丝汤年糕 187
白灼生菜 189
百香果冰茶 190
百香果芒果酸奶碗 169
板栗鸡肉粥 179
北非蛋配面包 110

C

草莓果酱 194
草莓思慕雪 191
醇奶吐司 24
葱油拌面 97
葱油花卷 18

D

大阪烧 139
冬笋小馄饨 183
多汁牛肉汉堡 125

F

番茄炒饭 27
番茄肥牛浓汤面 189
番茄鸡蛋浓汤面 103
番茄意面 122

G

咖喱海鲜炒饭 155
咖喱鸡肉乌冬面 143
干炒牛河 93
格兰诺拉麦片 117, 159
隔夜谷物鲜果燕麦 118
广式快手肠粉 95
广式腊味蛋炒饭 33
桂花芋头红豆粥 175

H

海苔鲜虾免捏饭团 135
海盐牛奶酱 195
韩式辣白菜炒饭 30
韩式泡菜豆腐汤 165
韩式泡菜海鲜饼 137
韩式泡菜煎猪里脊三明治 131
汉堡面包 23
荷兰宝贝松饼 119
核桃奶露 177
黑糖奶茶 193

红豆栗子暖粥 42
红糖发糕 83
红油抄手 61
红枣桂圆小米粥 185
黄金虾仁炒饭 39
回忆酱香饼 89
混合莓果果酱 194

J

鸡蛋煎饼 175
坚果酸奶 165
煎蛋 159
煎蛋葱油拌面 183
煎香肠 159
酱油炒饭 29
酱油海鲜炒面 107
金枪鱼海苔炒饭 41
金枪鱼鸡蛋热三明治 112
金枪鱼藜麦饭团 133
韭菜盒子 165
韭菜鸡蛋饼 163
韭菜馅儿饼 73

K

可颂三明治 111
快手抱蛋煎饺 60
快手火腿鸡蛋饼 82

L

老北京鸡肉卷 77
姥姥家的果干米糕 87
罗宋汤配面包 109

M

妈妈的早餐菜肉粥 47
猫王三明治 113
抹茶牛奶酱 194
墨西哥鸡肉卷 123

N

奶香玉米汁 192
南瓜奶香燕麦粥 44
南瓜糯米糊 161
南瓜银耳露 193
南洋风味叻沙 151
南洋咖喱酱 196
嫩炒青菜 163

柠檬冰红茶 191
牛奶馒头 17
牛肉什蔬炒饭 35
糯米烧卖 65

P

泡菜粉丝猪肉饺子 57
皮蛋瘦肉粥 48

Q

千层牛肉饼 75
浅渍开胃菜 185
青菜肉末粥 46
青菜肉丝炒饭 31
青木瓜鲜虾沙拉 144, 171
秋日水果沙拉 175
秋日水果碗 181

R

热带风味牛肉沙拉 145, 167
热带风味意面沙拉 169
热带芒果百香果果酱 198
热带水果思慕雪 171
热狗面包 23
热狗三明治 116
日式炒乌冬 141
日式红豆年糕汤 132
日式炸猪排三明治 129
肉丝炒面 105
肉松糯米饭团 185
润燥水果羹 179

S

三文鱼蛋炒饭 37
上学时的鸡蛋煎饼 85
生滚牛肉窝蛋粥 50
酸辣牛肉拌面 101

T

太妃焦糖酱 194
桃胶银耳皂角米甜羹 43, 177

W

窝窝头配炒什锦 81
五谷米糊 183
五谷时蔬卤蛋饭团 181
午餐肉金枪鱼免捏饭团 177

X

虾仁水蒸蛋 187
虾仁猪肉三鲜饺子 59
虾肉小馄饨 163
夏日菠萝果酱 197
鲜果法式吐司 121
鲜果苏打水 191
鲜肉春笋烧卖 67, 161
鲜肉生煎包 69
鲜虾三明治 115
鲜虾时蔬粥 53
香橙养乐多 190
香葱火腿花卷 179
香菇鸡肉燕麦粥 51
香菇肉酱拌面 99
小时候最爱的小馄饨 63
校门口的梅干菜肉饼 79
新加坡肉骨茶 146
星洲炒米粉 152
杏仁牛奶 161
血糯米桂花小圆子 181

Y

羊肉胡萝卜饺子 55
羊肉烤包子 71
养生补肾粥 45
椰香紫米水果粥 167
椰香米糊 189
印尼炒饭 153
玉米排骨粥 49
芋泥肉松三明治 126
越南风味三明治 147, 173
越南牛肉汤河粉 149
云南小锅米线 91

Z

榛子奶露 187
榛子巧克力酱 199
治愈系棉花糖热可可 192
紫米奶露 193
紫米奶香三明治 127